BIANDIANZHAN FANGWU JISHU YU GUANLI
PEIXUN JIAOCAI

变电站防误技术与管理
培训教材

国网浙江省电力有限公司绍兴供电公司　组编

中国电力出版社
CHINA ELECTRIC POWER PRESS

内 容 提 要

本书以实际应用出发，全面介绍了变电站防误技术与管理。全书共七章，内容包括：概述、常用防误装置的类型及原理、智能变电站防误技术、倒闸操作及检修作业防误管理、防误装置日常维护及典型异常处理、新型防误管理装置应用，以及典型事故案例分析。

本书具有较强的通俗性、通用性、规范性，可供电力系统的运行、检修、安装人员，以及安全监察管理部门参考，尤其是从事变电运维生产管理人员、变电站值班人员查阅和培训使用。

图书在版编目（CIP）数据

变电站防误技术与管理培训教材 / 国网浙江省电力有限公司绍兴供电公司组编 . —北京：中国电力出版社，2022.1

　ISBN 978-7-5198-6361-6

　Ⅰ．①变… Ⅱ．①国… Ⅲ．①变电所—倒闸操作—安全培训—教材 Ⅳ．① TM63

　中国版本图书馆 CIP 数据核字（2021）第 280907 号

出版发行：中国电力出版社
地　　址：北京市东城区北京站西街 19 号（邮政编码 100005）
网　　址：http://www.cepp.sgcc.com.cn
责任编辑：崔素媛（010-63412392）
责任校对：黄　蓓　常燕昆
装帧设计：郝晓燕
责任印制：杨晓东

印　　刷：北京雁林吉兆印刷有限公司
版　　次：2022 年 1 月第一版
印　　次：2022 年 1 月北京第一次印刷
开　　本：710 毫米 ×1000 毫米　16 开本
印　　张：8
字　　数：185 千字
定　　价：39.00 元

编 委 会

主　　任　周关连　魏伟明
副 主 任　朱　玛　茹惠东　许海峰
委　　员　（按姓氏笔画排名）
　　　　　丁　梁　王轶本　杨晓丰　邱建锋　余　杰
　　　　　张　磊　姚建生　赵伟苗　胡恩德　商　钰

编 写 组

主　　编　袁　红
副 主 编　沈　达　章陈立　张　炜　徐程刚
参　　编　（按姓氏笔画排名）
　　　　　卢乾坤　任　佳　刘建达　吕　胜　朱文灿
　　　　　劳凯峰　余新生　陈建如　陈魁荣　金　路
　　　　　袁卓妮　钱祥威　钱树焕　徐　超　黄　骅
　　　　　章文涛　楚云江
主　　审　（按姓氏笔画排名）
　　　　　王　雷　何　辉　陈　德　肖　萍　徐伟江
　　　　　温朝阳

前　言

随着我国经济社会的发展，社会对电力的需求越来越高，电网建设持续加强，电网结构变得越来越复杂，这就对电网系统运行的稳定性、安全性、可靠性提出了更高的要求。防止和控制电力系统误操作事故是电网反事故措施的一项重要内容，是保证电力系统安全稳定运行的重要条件，误操作不但会影响电力系统的正常生产工作，也可能造成全站停电，甚至系统瓦解等重大电网事故。因此，提高当前变电运维人员的防误技术和管理能力尤为重要，为此，特组织相关专家编写了本书。

本书具有如下特点。

通俗性：本书内容文字通俗易懂、贴近电力生产实际，运用现场图片等形式进行辅助说明，确保运维人员能看懂、能读懂、能掌握，可以作为日常安全知识工具书。

实用性：本书内容适应当前安全生产工作要求，梳理了变电站防误技术和管理的原理、发展历程，介绍了常见防误装置以及新型防误系统，并分析了典型防误事故案例，实用性强。

规范性：本书内容严格按照国家法律法规、国家电网公司相关规章制度、技术规范标准等编写，并由具有丰富管理经验和一线实践经验的人员进行数次审核，确保内容正确规范。

本书作者为变电运维专业一线岗位的资深技术、管理人员，包括长期从事防误技术管理的人员，理论知识扎实、技术功底过硬、管理经验丰富。本书经历近一年的讨论编写、审核、修改完善，全面系统地介绍了变电站防误技术和管理的知识点、技能点以及相关规范要求。

鉴于本书作者水平和时间有限，书中难免有疏漏、不足和错误之处，而且随着新形势、新技术和新管理的不断发展完善，有些内容也可能需做出相应的更新、修改，恳求广大读者批评指正。

目 录

前言

第一章　概述 ……………………………………………………………… 1

　　第一节　变电站防误系统要求 …………………………………… 2

　　第二节　防误闭锁技术的发展、分类及概念 …………………… 2

第二章　常用防误装置的类型及原理 ………………………………… 8

　　第一节　防误装置的总体要求 …………………………………… 8

　　第二节　微机防误装置（系统）………………………………… 9

　　第三节　监控防误系统 …………………………………………… 14

　　第四节　电气闭锁（含电磁锁）………………………………… 16

　　第五节　机械闭锁 ………………………………………………… 19

　　第六节　带电显示装置 …………………………………………… 19

第三章　智能变电站防误技术 ………………………………………… 23

　　第一节　智能变电站 ……………………………………………… 23

　　第二节　智能变电站防误系统 …………………………………… 24

　　第三节　智能变电站一键顺控 …………………………………… 26

　　第四节　智能变电站二次防误 …………………………………… 29

第四章　倒闸操作及检修作业防误管理 ……………………………… 35

　　第一节　变电站防误管理 ………………………………………… 35

　　第二节　倒闸操作防误管理 ……………………………………… 37

　　第三节　检修作业防误管理 ……………………………………… 43

第五章　防误装置日常维护及典型异常处理 ………………………… 47

　　第一节　防误装置日常维护的有关规定 ………………………… 47

　　第二节　防误闭锁装置维护检查项目及标准 …………………… 48

　　第三节　防误装置的典型异常处理 ……………………………… 51

第六章　新型防误管理装置应用 ··· 56

 第一节　新型防误管理装置类型 ··· 56

 第二节　运检作业全过程一体化防误系统 ······················· 63

第七章　典型事故案例分析 ··· 72

 第一节　误分、合断路器案例分析 ··· 72

 第二节　带负荷分、合隔离开关案例分析 ···························· 76

 第三节　带电挂接地线和带电合接地开关案例分析 ················ 86

 第四节　带接地线或接地开关合隔离开关（断路器）案例分析 ········ 97

 第五节　其他误操作事故案例分析 ····································· 112

第一章 概　　述

电力工业是国民经济的重要基础工业，是国家经济发展战略中的重点和先行行业，电力与人民的生产、生活息息相关。电力作为经济命脉，随着现代化进程的加快和人民生活水平的提高，在国民生产发展进程中越来越显现出其重要作用。电力生产过程中，由于生产、传输和使用同时完成，一旦发生事故，将影响电力系统供电的可靠性，并造成电力设备的损坏和不可估量的经济损失。尤其是电气误操作事故将会蔓延形成电网大面积停电事故、人身伤亡等恶性事故和重大设备损坏事故。

有关统计资料表明，在电力系统事故中，很大一部分的电气事故是工作人员误操作所致。为防止此类事故的发生，1980 年原水利电力部将"防止电气误操作事故"列为电力生产急需解决的重大技术问题。近年来，"防止电气误操作事故"也是国家电网公司《防止电力生产重大事故的二十五项重点要求》之一。因此，掌握变电设备的防误技术具有重要的意义。

为了加强防止电气误操作装置管理，防止电气误操作事故的发生，保障人身、电网和设备安全，原水利电力部于 1980 年和 1985 年，原能源部于 1990 年相继召开了有关防止电气误操作的工作会议，明确提出了要积极装设和改进防止电气误操作闭锁装置的要求，并于 1990 年出台了能源安保〔1990〕1110 号《防止电气误操作装置管理规定（试行）》（以下简称《1110 号文》），适用于高压发、供、用电的电气设备及配电装置。国家电网公司于 2006 年制定并出台了《国家电网公司防止电气误操作安全管理规定》（国家电网安监〔2006〕904号）（以下简称《防误规定》），适用于 35kV 及以上电压等级电气设备，就有关要求做了详细阐述。以上两个规定都明确指出：防误装置应实现"五防"功能。国家电网公司于 2018 年重新修订了《国家电网有限公司防止电气误操作安全管理规定》（国家电网安监〔2018〕1119 号），进一步明确规定了防止误操作的技术措施和组织措施，各电力单位也都制定了相应的倒闸操作规则，从管理上遏制了误操作事故的发生。但由于各种原因，单单依靠这种"控制人的行为"的措施是远远不够的。

第一节　变电站防误系统要求

在电气专业工作中发生误操作事故不仅会造成设备停电，降低电网的安全运行水平，造成不良的社会影响，严重的还可能发生人身伤亡事故。对于电力工作而言，防止电气误操作是保证安全生产的一项重要工作。为了保证电网的安全、稳定、经济运行，提高变电运维管理水平，必须在组织和技术方面采取必要的措施。组织措施和技术措施相辅相成，犹如电脑的软件和硬件系统，以此来保障操作人员操作的正确性，从而杜绝电气误操作事故的发生。在控制电气误操作的过程中，技术措施一般包括：防误闭锁装置的实施及其管理、倒闸操作规定和标准化作业指导书，这些措施能够有效地提高运维人员倒闸操作的可靠性，降低操作风险。

变电站防误系统功能必须具备防误操作全面性和强制性的要求，能够全面覆盖到变电站运行、操作、检修等方式下的强制闭锁，确保各种操作行为得到安全保障。

全面性：操作控制功能可按远方操作、站控层、间隔层、设备层的分层操作原则考虑。无论设备处在哪一层操作控制，都应具备"五防"闭锁功能。

强制性：在设备的电动操作控制回路中串联以闭锁回路控制的接点或锁具，在设备的手动操控部件上加装受闭锁回路控制的闭锁装置。

第二节　防误闭锁技术的发展、分类及概念

一、　"五防"的基本内容

电力系统的"五防"是由于早期一次设备的设计不完善，电气误操作事故频发，出于工作人员操作安全、检修安全和设备安全考虑，于20世纪90年代产生的一种管理需求和方法。随着新技术的发展，"五防"的内容也在不断地更新、细化，逐步形成了一个"五防"体系，这个体系的实质就是"防误技术"的全部内容。从这一点上来理解，"防误"的概念大于"五防"的概念，

或者说"防误"是"五防"内容的延伸。但是，由于现场人员习惯叫法上的差异，通常以"五防"泛指"防误"，也就是说把"五防"和"防误"等同为一个概念来讲了。所以，讲"防误技术"首先要从"五防"讲起。

按照《国家电网有限公司防止电气误操作安全管理规定》（国家电网安监〔2018〕1119号）对于"防误"的定义如下。

（1）防止误分、误合断路器。

（2）防止带负荷拉、合隔离开关或手车触头。

（3）防止带电挂（合）接地线（接地开关）。

（4）防止带接地线（接地开关）合断路器、隔离开关。

（5）防止误入带电间隔。

防止电气误操作的"五防"功能除"防止误分、误合断路器"可采取提示性措施外，其余"四防"功能必须采取强制性防止电气误操作措施。强制性防止电气误操作措施是指在设备的电动操作控制回路中串联受闭锁回路控制的接点，在设备的手动操控部件上加装受闭锁回路控制的锁具，防误锁具的操作不得有走空程现象。

二、防误闭锁技术的发展

"五防"闭锁的发展是随着电力系统的发展而发展的，相继经历了机械闭锁、程序闭锁、电磁闭锁、电气闭锁、微机闭锁，现在广泛应用的是微机"五防"闭锁。这一过程，是交叉推进并不断完善的。由于一些老的传统变电站还未进行改造，变电站的防误水平不尽相同，各种防误措施依然或多或少地存在着。从目前来看，"五防"闭锁的发展趋势是微机防误闭锁。并且，为了满足对多个变电站实现"集中控制、统一调度"的运行方式，"五防"服务器式微机防误系统得到了快速发展。

三、防误闭锁的分类

根据动作原理，"五防"闭锁大致可分为机械型、电气（电磁）型、微机型闭锁三大类。当前，大多数变电站都是这3种类型的综合使用。

1. 机械型闭锁

机械型闭锁可分为直接式机械闭锁和辅助式机械闭锁。

（1）直接式机械闭锁。直接式机械闭锁是指利用电气设备自身的机械联动部件实现对相应电气设备的操作进行逻辑闭锁控制的一种方法。主要有：①钢丝弹簧轮轴传动闭锁；②机械连杆传动闭锁；③月牙板；④扇形挡板；⑤高压开关柜"五防"联锁等。

（2）辅助式机械闭锁。辅助式机械闭锁是指利用辅助工具实现对相应电气设备的操作进行逻辑闭锁控制的一种方法。主要有：①钥匙盒闭锁；②地线头与地线桩；③机械程序锁；④机械挂锁等。

2. 电气型闭锁

电气型闭锁是指将电气设备的辅助触点接入电气操作电源回路中从而达到闭锁目的的一种方法。主要有：①电气报警；②电气回路闭锁；③电磁回路闭锁；④验电器；⑤高压带电显示装置。

3. 微机型闭锁

微机型闭锁是指通过计算机和网络通信等技术将电气设备的电气闭锁条件、倒闸操作规则编辑成计算机程序，并通过现场防误锁具来实现防误闭锁功能的一种方法。主要分为三类：①离线式微机型防误系统；②在线式微机型防误系统；③综合式微机型防误系统。

四、防误闭锁技术的基本概念

1. 联锁

联锁是一种相互制约的关系，当设定的条件没有满足，动作便不会发生；或内外部触发条件变化，会引起相关联的电气设备工作状态、控制方式的改变。

一般来讲，联锁是相互之间的关联动作，彼此互相控制，比如甲处于某种状态时，乙能或者不能怎么样；反之，乙处于某种状态时，甲能或者不能怎么样。这样就实现了甲与乙之间相互的联锁。图 1-1 所示为一个典型的联锁回路。

图 1-1 中，当按下按钮 SB1 后，接触器 KM1 线圈得电励磁，其动合触点 KM1-1 闭合，起自保持作用，这时，松开按钮 SB1，接触器 KM1 线圈仍然保持励磁状态；同时，接触器 KM1 的动断触点 KM1-2 断开，切断了接触器 KM2 的控制回路，这时即使按下按钮 SB2，接触器 KM2 的线圈也不会得电励磁，这样就闭锁了接触器 KM2 的动作行为；按下按钮 SB3，解除控制回路，接触器 KM1 线圈失电失磁。

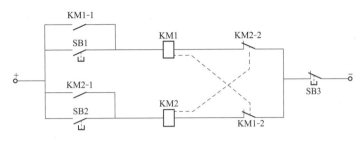

图 1-1　典型的连锁回路

同理，当再按下按钮 SB2 后，接触器 KM2 线圈得电励磁，其动合触点 KM2-1 闭合，起自保持作用，这时，松开按钮 SB2，接触器 KM2 线圈仍然保持励磁状态；同时，接触器 KM2 的动断触点 KM2-2 断开，切断了接触器 KM1 的控制回路，这时即使按下按钮 SB1，接触器 KM1 的线圈也不会得电励磁，这样就闭锁了接触器 KM1 的动作行为；按下按钮 SB3，解除控制回路，接触器 KM2 线圈失电失磁。

再如，隔离开关与接地开关之间的机械联锁，如果合上接地开关，就不能再合隔离开关，如果合上隔离开关，就不能再合接地开关。

2. 闭锁

闭锁是联锁的一种特殊情况，在甲发生某种动作或处于某种状态时，乙不能进行动作。与联锁回路不同，闭锁回路一般只需要将"甲的某种动作行为对应的触点"接入"禁止乙怎么样"的输入回路，类似于给乙的控制回路设置一个开关量。比如，手动操作断路器时闭锁重合闸，该闭锁回路如图 1-2 所示。当手动操作断路器时，控制开关 KK 操作把手 5、8 触点接通，手合继电器 KHC 得电励磁，接通手合回路，断路器合闸。同时，手合继电器 KHC 动断触点经延时后断开，开断了重合闸回路，从而实现了对重合闸的闭锁。

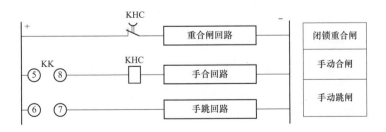

图 1-2　手动操作断路器时闭锁重合闸的闭锁回路

严格来讲，本书所讲述的多是"联锁"，但其实闭锁与联锁并没有本质意义上的区别，习惯上统称为"闭锁"，故本书也未严格加以区分。此外，电力系统中还有保护闭锁（如"弹簧未储能闭锁合闸""SF_6压力低闭锁合闸"等）以及其他方面闭锁的内容，不属于本书涉及的范围。

3. 自锁

自锁通常称为"自保持"，就是在某电器元件（如接触器）工作线圈前面的电气回路中并联该电器自身的动合触点，在该电器元件的工作线圈得电励磁后，利用该动合触点保持回路一直处于接通状态。在变电站中，在电气回路接通条件满足后又消失的情况下，可用于保持该回路持续接通。

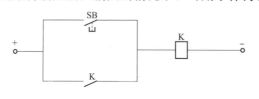

图 1-3 典型的自锁回路

图 1-3 所示为典型的自锁回路（接通的场合）。

4. 正向和反向闭锁

通常人们把变电站电气系统停电操作的闭锁作用称为"正向闭锁"，而把变电站电气系统送电操作的闭锁作用称为"反向闭锁"，任何一个闭锁装置应该同时满足正向和反向的闭锁要求。

（1）单向闭锁装置。单向闭锁装置在变电站中只能作为辅助性的闭锁措施，而不能作为主要闭锁装置使用，否则其反向闭锁不一定成立，会给误操作事故的发生留下隐患。比如，高压带电显示闭锁装置在停电操作过程中，能起到防止带电合接地刀闸的作用，但是在送电人操作过程中，却不能保证将线路合闸送电时接地刀闸一定是处于断开的位置。

（2）正向闭锁。正向闭锁即正逻辑，"满足条件才能"，如断开接地刀闸才能合隔离开关。

（3）反向闭锁。反向闭锁即反逻辑，"不满足则不能"，如接地刀闸在合闸位置不能合隔离开关。

（4）闭锁验收。在对某一控制回路进行防误改造或完成新建设备控制回路接线后，应对其进行防误验收，并且必须进行正、反逻辑闭锁验收，以保证接线正确无误。

5. 强制性闭锁

强制性闭锁是将闭锁作用贯穿于操作始终的闭锁方法，既要有"防走空程"措施，又要能实现正、反向闭锁。强制性闭锁是防误装置应遵循的一条重要原则，是判别防误装置闭锁性能优劣的最重要依据。

（1）强制性闭锁要求。强制性闭锁是对防误闭锁装置性能的一项最重要的要求。"五防"功能除"防止误分、误合断路器"现阶段因技术原因可采取提示性措施外，其余"四防"功能都必须采取强制性防误措施。

（2）强制性闭锁的定义。关于强制性闭锁的定义，《防误规定》中是这样解释的："强制性防止电气误操作措施指：在设备的电动操作控制回路中串联以闭锁回路控制的触点或锁具，在设备的手动操控部件上加装受闭锁回路控制的锁具，同时尽可能按技术条件的要求防止走空程操作"。

6. 提示性闭锁

提示性闭锁对闭锁对象没有强制性约束力，只是对操作人员的行为给出能否执行的一个提醒，具体是否执行，完全由操作人员自己决定。显然，提示性闭锁是不可靠的，当前只用于对断路器的操作。

"防止误分、误合断路器"为强制性闭锁或提示性闭锁由用户自己确定，但对断路器的强制性闭锁，一般为手动操作方式，对保护动作不具有闭锁性。

第二章　常用防误装置的类型及原理

第一节　防误装置的总体要求

一、总体要求

防误闭锁装置包括微机防误装置（系统）、监控防误系统、电气闭锁（含电磁锁）、机械闭锁、带电显示装置等。"五防"功能除"防止误分、误合断路器"可采取提示性措施外，其余"四防"功能必须采取强制性防止电气误操作措施。

强制性防止电气误操作措施是指在设备的电动操作控制回路中串联可以闭锁控制回路的接点，在设备的手动操控部件上加上装受闭锁回路控制的锁具，防误锁具的操作不得有走空程现象。防误系统应具有覆盖全站电气设备及各类操作的"五防"闭锁功能，且同时满足"远方"和"就地"（包括就地手动）操作防误闭锁功能。

电气设备操作控制功能可按远方操作、站控层、间隔层、设备层的分层操作。无论电气设备处在哪一层操作控制，都应具有防误闭锁功能。调控中心、运维中心、变电站各层级操作都应具备完善的防误闭锁功能，并确保操作权的唯一性。

防误装置应满足多个设备同时操作的要求，具备多任务并行操作功能。在调控端配置防误装置时，应实现对受控站及关联站间的强制性闭锁。

二、防误装置的选用原则

（1）防误装置的结构应简单、可靠，操作维护方便，尽可能不增加正常操作和事故处理的复杂性。

（2）电磁锁应采用间隙式原理，锁栓能自动复位。

（3）成套高压开关设备（含备用间隔）应具有机械联锁或电气闭锁；电气设备的电动或手动操作闸刀必须具有强制防止电气误操作闭锁功能。

（4）高压电气设备的防误装置应有专用的解锁工具（钥匙），防误系统对专用的解锁工具（钥匙）应具有管理与解锁监测的功能。

（5）防误装置应不影响断路器、隔离开关等设备的主要技术性能（如合闸时间、分闸时间、分合闸速度特性、操作传动方向角度等）。

（6）防误装置使用的直流电源应与继电保护、控制回路的电源分开，防误主机的交流电源应是不间断供电电源。

（7）防误装置的结构应做到防尘、防蚀、不卡涩、防干扰、防异物开启和户外防水、耐高低温要求。

（8）新（改）建变电工程或防误系统升级改造宜选用解锁工具（钥匙）定向授权及管理监测、接地线状态实时采集、检修防误等功能的智能化防误系统；新（改）建变电站或具备顺控操作（程序化操作）功能的变电站应具备完善的防误闭锁功能，防误系统支持防误逻辑双校核，模拟预演和指令执行过程中应采用监控主机内置防误逻辑和独立智能防误主机双校核机制，且两套系统宜采用不同厂家配置。

（9）对使用常规闭锁技术无法满足防止电气误操作要求的设备（如联络线、封闭式电气设备等），应采取加装带电显示装置等技术措施达到防止电气误操作要求。

（10）断路器、隔离开关和接地刀闸电气闭锁回路严禁使用重动继电器，应直接使用断路器、隔离开关和接地刀闸的辅助接点。

（11）防误装置应选用符合产品标准，并经国家电网有限公司授权机构或行业内权威机构检测、鉴定的产品。新型防误装置须经试运行考核后方可推广使用，试运行应经公司同意。

第二节　微机防误装置（系统）

一、微机防误系统的原理

微机防误系统是一种采用计算机、测控及通信等技术，用于高压电气设备及其附属装置防止电气误操作的系统。主要由防误主机、电脑钥匙、防误锁具及安装附件、解锁钥匙、高压带电显示闭锁装置等部件组成。对就地的

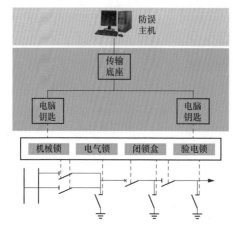

图 2-1　微机防误系统基本结构

电气设备、接地线及网门等采用编码锁实现强制闭锁功能，对遥控操作的设备采用遥控闭锁装置的闭锁接点串接在电气回路中实现强制闭锁功能。

微机防误系统基本结构如图 2-1 所示。

二、微机防误系统的技术要求

微机防误系统应能实现主站和厂站，厂站和厂站，厂站的站控层、间隔层、设备层强制闭锁功能，可适用不同类型设备及各种运行方式的防误要求。微机防误系统的设计应不影响相关电气设备正常操作和运行，在允许的正常操作力、使用条件或振动下不影响其保证的机械、电气和信息处理性能。微机防误系统应使用单独的电源回路，并且在监控系统或者电气设备故障时，仍可实现防误闭锁功能。微机防误系统的防误规则及数据应单独编制，并可打印校验。

微机防误系统的主要功能如下。

（1）正确模拟、生成、传递、执行和管理操作票。

（2）正确采集、处理和传递信息。

（3）符合防误程序的正常操作应顺利开锁且无空程序，误操作应闭锁并有光、声音或语音报警。声音或语音报警在距音响源 50cm 处应不小于 45dB，光报警应明显可见。

（4）具有电磁兼容性。

（5）内存应满足全部操作任务的要求。

（6）具有就地操作及远方遥控操作的强制闭锁功能。

（7）具有检修状态下的防止误入带电间隔功能。

（8）具有与高压带电显示装置的接口。

（9）具有对时和自检功能。

三、微机防误系统的组成部件

微机防止电气误操作系统主要由防误主机、电脑钥匙、防误锁具及安装附件、解锁钥匙、高压带电显示闭锁装置等部件组成。

1. 防误主机

防误主机是微机防误系统的主控单元，操作界面上具有与现场设备状态一致的主接线模拟图，变电站设备的状态可通过监控系统获取遥信量或接收电脑钥匙操作过程信息实现与现场设备状态对位。在防误主机内储存有防误系统应用软件和所有一次设备的防误闭锁逻辑规则库，用于模拟预演和设备操作的防误逻辑判断，防误主机将模拟预演生成的正确操作序列，传输给电脑钥匙。

2. 电脑钥匙

电脑钥匙具有接收操作票、正常开锁、虚遥信状态位置采集和上传 3 个功能。当操作模拟预演结束，防误主机便将正确的操作票（含二次提示项）转化为操作序列传到电脑钥匙中，然后运维人员拿着该电脑钥匙到现场进行操作。运维人员操作时核对电脑钥匙上显示的设备号与现场设备及操作步骤一致后，将电脑钥匙插入相应的编码锁，通过其探头检测编码锁编码正确，若正确则开放其闭锁回路，此时可以对设备进行电动操作或打开机械编码锁进行手动操作；若电脑钥匙检测出的编码锁编码与实际操作序列的编码不符，闭锁回路或机构不能解除闭锁，同时电脑钥匙会发出持续的报警声，以提醒操作人员，从而达到强制闭锁的目的。电脑钥匙在操作的同时就记录了设备的变位信息，当所有操作都完成，电脑钥匙便将记录的设备变位信息上传到防误主机。电脑钥匙实物如图 2-2 所示。

3. 防误锁具及安装附件

防误锁具用于闭锁高压电气设备的电气控制回路和操动机构。防误锁具内部均装有可被电脑钥匙识别的码片，编码具备唯一性。常见的有机械编码锁、电编码锁、闭锁盒等，以及地线桩（地线头）、门锁把手、锁销等安装附件。

（1）机械编码锁。机械编码锁是用于对手动操作的高压电气设备（如隔离开关、接地开关、网门/柜门、临时接地线等）实施强制闭锁的机械锁具。机械编码锁实物如图 2-3 所示，手动操作的高压电气设备闭锁实物如图 2-4 所示。

（2）电编码锁。电编码锁主要用于对电动操作的高压电气设备（如断路器、电动隔离开关、电动接地开关等）实施强制闭锁的电气锁具。电编码锁实物如图 2-5 所示。

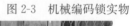

图 2-2　电脑钥匙实物　　　　　　图 2-3　机械编码锁实物

图 2-4　手动操作的高压电气设备闭锁实物

图 2-5　电编码锁实物

图 2-6　地线桩（地线头）实物

（3）地线桩（地线头）。地线桩（地线头）是配合机械编码锁对接地线实施强制闭锁的安装附件。地线桩（地线头）实物如图 2-6 所示。

四、微机防误系统的操作步骤

微机防误系统操作步骤如图 2-7 所示。

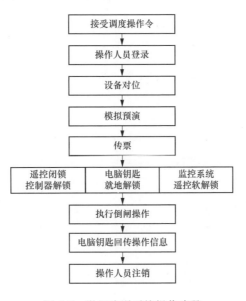

图 2-7　微机防误系统操作步骤

第三节 监 控 防 误 系 统

一、监控防误系统的原理

监控防误系统是一种利用测控装置及监控系统内置的防误逻辑规则，实时采集断路器、隔离开关、接地开关、接地线、网门、压板等一二次设备状态信息，并结合电压、电流等模拟量进行判别的防误闭锁系统。

监控防误系统防误校核功能是由监控主机、测控装置内嵌的防误闭锁逻辑在后台程序自主实现的，其逻辑校验的过程是不可见的，不需人工干预。但需注意装置的"联锁"硬压板投入或防误解锁开关在联锁位置，测控装置才会校核自身的防误逻辑。变电站监控系统在正常运行阶段不得解除防误校验功能。

二、监控防误系统的组成

监控防误系统由站控层防误、间隔层防误、设备层防误3层构成。站控层防误由监控主机实现面向全变电站的防误闭锁功能。间隔层防误由测控装置实现本测控单元所控制设备的防误闭锁功能，可以实现本间隔闭锁和跨间隔闭锁。设备层防误包括一次设备配置的机械闭锁及电气闭锁，同时由智能终端接收间隔层网络报文，输出防误闭锁接点实现遥控操作的防误闭锁。智能变电站监控防误系统如图2-8所示。

三、监控防误系统的技术要求

1. 变电站监控系统

实现防误功能的变电站监控系统应满足如下要求。

（1）具有防止误分、误合断路器，防止带负荷拉、合隔离开关或进、出手车，防止带电挂（合）接地线，防止带接地线合断路器、隔离开关，防止误入带电间隔等防误功能。

（2）站内顺序控制、设备的遥控操作、就地电动操作、手动操作均具有防误闭锁功能。

（3）具有完善的全站防误闭锁功能，除判别本间隔的闭锁条件外，还必须对跨间隔的相关闭锁条件进行判别。

（4）参与防误判别的断路器、隔离开关及接地开关等一次设备位置信号宜采用双位置接入校核。

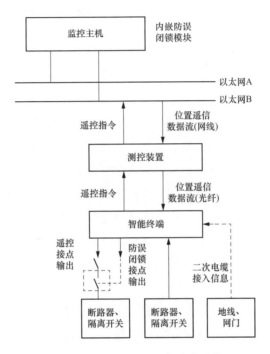

图 2-8　智能变电站监控防误系统

（5）监控主机、测控装置等设备中的防误规则应一致，宜实现防误规则的全站统一配置，防误规则描述采用标准化格式。

（6）变电站监控系统防误功能的实现应不影响变电站监控系统、继电保护、自动装置、通信等系统和设备的正常功能和性能，不影响相关电气设备的正常操作和运行。

2. 变电站监控系统的功能架构

实现防误功能的变电站监控系统，其功能构架应满足如下要求。

（1）变电站监控防误系统由站控层防误、间隔层防误、设备层防误 3 层防误闭锁功能组成，为变电站操作提供多级的、综合的防误闭锁。

（2）站控层防误应由监控主机和（或）数据通信网关机实现，面向全变电站进行全站性和全面性防误操作控制。

（3）站控层防误将变电站防误操作的相关功能模块嵌入到站控层计算机监控系

统中，防误范围包括全站的断路器、隔离开关、接地开关、网门和接地线等设备。

（4）站控层防误具备完善的人机操作界面，以监控系统图形与实时数据库为基础，利用内嵌的防误功能模块，对设备操作进行可靠的防误闭锁检查、操作票预演和顺序执行。

（5）间隔层防误应由间隔层测控装置或其他间隔层控制装置实现，装置存储本间隔被控设备的防误闭锁逻辑，采集设备状态信号、动作信号等状态量信号，采集电压、电流等电气量信号，通过网络向系统其他设备发送，同时通过网络接收其他间隔装置发来的相关间隔的信号，进行被控设备的防误闭锁逻辑判断。

（6）测控装置防误闭锁逻辑包含本间隔的闭锁条件和跨间隔的相关闭锁条件，根据判断结果对设备的控制操作进行防误闭锁。

（7）测控装置能够输出防误闭锁接点，闭锁设备的遥控和手动操作。

（8）变电站测控装置通过通信方式控制过程层设备进行出口控制时，防误闭锁接点由过程层智能设备提供，测控装置通过 GOOSE 报文控制防误闭锁接点的输出。

（9）设备层防误应由设备的单元电气防误闭锁、机械防误闭锁以及智能终端、防误锁具等实现。

（10）设备的单元电气闭锁或机械闭锁主要实现间隔内设备操作的防误闭锁，变电站手动操作设备、网门、临时接地线等设备的防误闭锁可由防误锁具、防误开关等实现。

（11）站控层防误、间隔层防误和设备层防误应相互独立，站控层防误失效时不影响间隔层防误，站控层和间隔层防误均失效时不影响设备层防误。

第四节 电气闭锁（含电磁锁）

一、电气闭锁防误的原理

电气闭锁防误原理是利用一次设备（断路器、隔离开关、接地开关等）的位置辅助接点组成电气闭锁逻辑控制回路，接入需闭锁的电动操作设备的控制回路中，实现对电气设备操作的防误闭锁。

电磁闭锁装置是利用断路器、隔离开关、开关柜门等的辅助接点，通过或断开需闭锁的隔离开关、开关柜门等电磁锁电源，使其操动机构无法动作，从而实现开关设备之间的相互闭锁。电磁闭锁装置原理简单、实现便捷，非同一体的开关设备之间也可实现闭锁。电磁闭锁装置在干燥环境下运行比较可靠，在使用中若不能满足密封要求而受潮锈蚀（如由于辅助转换开关种种原因不能正常切换等），则闭锁常会失灵，故大多安装在 35kV 及以下室内设备上。对室外高压开关设备，要实现防误闭锁大多采用电气防误闭锁。

典型的电气闭锁原理如图 2-9 所示。

二、电气闭锁防误的技术要求

实现电气闭锁防误功能应满足如下要求。

（1）断路器、隔离开关和接地开关电气闭锁回路应直接使用断路器和隔离开关、接地开关等设备的辅助接点，严禁使用重动继电器。

（2）接入电气闭锁回路中设备的辅助接点应满足可靠通断的要求，辅助开关应满足响应一次设备状态转换的要求，电气接线应满足防止电气误操作的要求。

（3）成套 SF_6 组合电器、成套高压开关柜防误功能应齐全、性能良好；新投开关柜应装设具有自检功能的带电显示装置，并与接地开关及柜门实现强制闭锁；配电装置有倒送电源时，间隔网门应装有带电显示装置的强制闭锁。

三、电气闭锁防误的优点和存在的问题

电气闭锁直接将反映设备状态的电气量接入电动操作设备控制回路中，对电动操作设备具有强制闭锁功能，不需要额外安装锁具，且不增加额外的操作，操作简单。适用于闭锁逻辑较为简单的单元间隔内电动操作和组合开关柜的防误闭锁，特别是对 GIS 组合电气设备尤为适用。但是电气闭锁也存在一些问题，具体如下。

（1）电气闭锁无法防止误分、误合断路器。

（2）对手动操作的电气设备、接地线和网门等缺乏有效闭锁手段，无法防止带地线合隔离开关、防止带电挂接地线、防止误入带电间隔（该类设备的防误闭锁需和带电检测装置、电磁锁配套使用才能实现）。

（3）以电气闭锁方式实现复杂的跨间隔闭锁逻辑时，接线过于复杂。

（4）电气防误闭锁功能缺乏提示性。

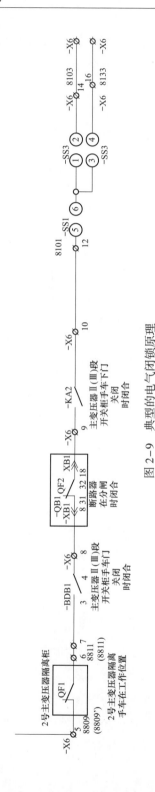

图 2-9 典型的电气闭锁原理

第五节 机 械 闭 锁

一、机械闭锁防误的原理

机械闭锁装置是利用电气设备的机械联动部件对相应电气设备操作构成的闭锁。机械闭锁装置应满足操作灵活、牢固和耐环境条件等使用要求。

户外隔离开关与接地开关之间的机械闭锁如图 2-10 所示。

图 2-10 户外隔离开关与接地开关之间的机械闭锁

二、机械闭锁防误的优点和存在的问题

机械闭锁防误装置与高压电气设备一体化，具有强制闭锁功能，可以实现正/反向的防误闭锁要求，具有机械结构简单、闭锁直观，不易损坏，操作方便，运行可靠等优点。机械闭锁只能用高压电气设备本体之间的防误闭锁，如在户外一体化的隔离开关与接地开关之间的闭锁、开关柜内部机械操动机构电气设备之间的闭锁。对于两柜之间或户外隔离开关与断路器之间无法实现闭锁，还需辅以其他闭锁装置，才能满足全站的闭锁要求。

第六节 带 电 显 示 装 置

一、带电显示装置的原理

带电显示装置（VPIS）是一种直接安装在电气设备上，直观显示出电气设备是否带有运行电压的提示性安全装置。当设备带有运行电压时，该显示器显示窗发出闪光，警示人们高压设备带电，无电时则无指示。一般安装在进线母线、断路器、主变压器、开关柜、GIS组合电器及其他需要显示是否带电的地方，防止电气误操作。

图2-11所示为带电显示装置原理图。

带电显示装置可向运行人员提供高压电气设备被监测处主回路电压状态的信息。单独依靠带电显示装置的显示还不足以证明系统处于不带电状态，如操作程序强制要求不带电，还应使用符合《电容型验电器》（DL/T 740—2014）要求的验电器验电。对无法进行直接验电的高压电气设备，可按《国家电网公司电力安全工作规程（变电部分）》规定的判断方法，将带电显示装置作为其中的一种指示进行判断。如图2-12所示为一种户内高压带电显示装置。

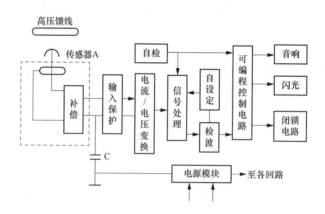

图 2-11　带电显示装置原理图

图 2-12　户内高压带电显示装置

带电显示装置的部件包括传感单元、显示单元、连接点（可选）和联锁信号输出单元（可选）。传感单元和显示单元可以安装并包含在高压电气设备内，也可以配装在高压电气设备外（如户外感应式）。

图 2-13 所示为户外高压带电显示装置二次接线图。

二、带电显示装置的技术要求

高压带电显示装置功能应满足如下要求。

（1）带电显示装置的显示单元应能提供电压状态清晰可见的显示。在给定的运行位置和实际光照条件下，其显示应使使用者清晰可见。有些带电显示装置只限于户内或户外使用，而有些则适合户内和户外通用。

（2）对于重复性可见显示，其重复的频率至少为 1Hz。对于三相系统，当线对地的实际电压等于或大于标称电压的 40％时，应满足这一技术要求。当线对地的实际电压低于标称电压的 15％时，带电显示装置应显示"不带电"，对于没有内置电源的带电显示装置允许不显现刺激性信号。

（3）带电显示装置的显示单元应在电压状态改变后的 1s 内显示。

（4）对装有内置电源的带电显示装置，除内置电源的使用受到自动断开或未准备好显示的限制外，应具备电量提示功能，电量耗尽前应发出报警。

（5）显示单元中的显示元件的连续工作寿命应不少于 50000h。显示单元应能耐受 10000 次连续接通和断开试验而不发生损坏。显示单元应能进行带电更换。

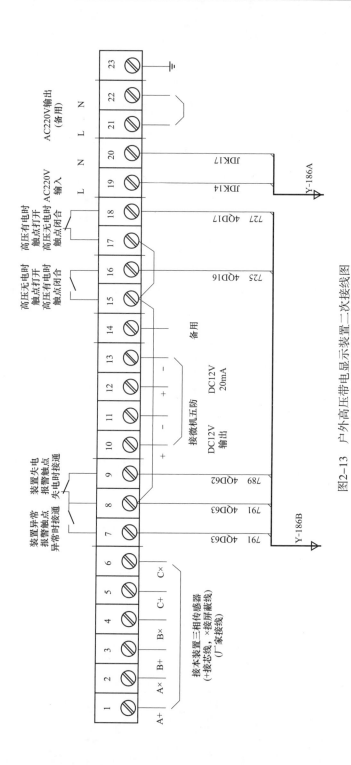

图2-13 户外高压带电显示装置一次接线图

第三章 智能变电站防误技术

第一节 智能变电站

一、概述

智能变电站是指采用先进、可靠、集成、低碳、环保的智能设备，以全站信息数字化、通信平台网络化、信息共享标准化为基本要求，自动完成信息采集、测量、控制、保护、计量和监测等基本功能，并可根据需要支持电网实时自动控制、智能调节、在线分析决策、协同互动等高级功能，实现与相邻变电站、电网调度等互动的变电站。

智能变电站的构成主要包括过程层（设备层）、间隔层、站控层。

（1）过程层。过程层（设备层）包含由一次设备和智能组件构成的智能设备、合并单元和智能终端，完成变电站电能分配、变换、传输及其测量、控制、保护、计量、状态监测等相关功能。

（2）间隔层。间隔层设备一般指继电保护装置、测控装置等二次设备，实现使用一个间隔的数据并且作用于该间隔一次设备的功能，即与各种远方输入/输出、智能传感器和控制器通信。

（3）站控层。站控层包含自动化系统、站域控制、通信系统、对时系统等子系统，实现面向全站或一个以上一次设备的测量和控制的功能，完成数据采集和监视控制（SCADA）、操作闭锁以及同步相量采集、电能量采集、保护信息管理等相关功能。

二、智能变电站 "五防" 要求

国家电网公司制定《智能变电站技术导则》，从安全性、可靠性、经济性方面考虑，明确提出包括防误操作在内的系统层的各项功能应高度集成一体化。

其后编写的智能化变电站设计规范对变电站的防误操作闭锁提出了 3 种方案：①通过监控系统的逻辑闭锁软件实现全站的防误操作闭锁功能；②监控系统设置"五防"工作站；③配置独立于监控系统的专用微机"五防"系统。

最终得出结论：从专业及技术发展趋势，结合减少设备重复配置原则，宜通过变电站自动化系统的逻辑闭锁软件实现全站的防误操作闭锁功能。因此，一体化"五防"在智能化变电站应用必将是发展趋势。

第二节 智能变电站防误系统

一、智能变电站防误系统介绍

智能变电站中"五防"功能的应用与实现必须满足智能变电站系统功能高度集成一体化的要求，并结合 GOOSE（Generic Object Oriented Substation Event，通用面向对象的变电站事件）网的应用和程序化操作的需求，实现一体化防误系统。智能变电站防误系统功能示意如图 3-1 所示。

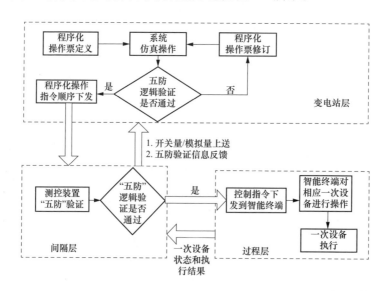

图 3-1 智能变电站防误系统功能示意

二、间隔层 "五防"

间隔层"五防"功能所用的开关量数据是通过 GOOSE 机制从过程层的智

能终端获得，模拟量数据通过过程层的合并单元获得。全站的数据通过开放的 GOOSE 通信网络实时传送，每台间隔层设备都能及时获得其逻辑闭锁所需的数据，并将这些数据应用于本间隔的控制闭锁逻辑条件判别，从而实现独立于"五防"主站的间隔层的逻辑闭锁。"五防"功能完全依据底层网络信息共享和互操作，在间隔层网络通过运行实时状态识别及闭锁逻辑进行综合决策判断。通过该方案，间隔层"五防"以分散型式在网络底层实现变电站完整的"五防"操作逻辑闭锁功能，取代了常规的专用电气编码锁，消除了专用"五防"系统与综合自动化系统之间繁杂的信息校验。

防误闭锁功能的实现由原来的二次电缆连接变成了 GOOSE 通信组态和 GOOSE 配置文件下发到装置的工作。由于智能测控装置 GOOSE 输入/输出与传统端子排仍然存在对应的关系。因此，需通过 GOOSE 组态工具对 GOOSE 输入/输出端子进行定义，并组态形成全站统一的 SCD 文件，然后使用配置工具和 SCD 文件，提取 GOOSE 收发的配置信息并下发到装置中，从而实现智能变电站的间隔层"五防"功能。

三、站控层 "五防"

智能变电站一体化"五防"模式下，"五防"实时从监控系统获取当前全站的遥信状态。"五防"针对程序化操作中的每一步操作进行逻辑判断。只有当相应的操作正确动作并有接点返回后，才确认该操作完成，将操作序列信息点复归并进入到下一步操作或操作结束。

站控层进行一次设备操作时，首先需要进行后台"五防"开票，后台的遥控操作进行之前，必须经过自己的"五防"逻辑判断是否允许当前操作。只有当模拟操作逻辑通过验证后才可进入实际操作，这时遥控命令下达到测控装置，测控装置仅校验测控装置本身的间隔闭锁逻辑，而不再校验该操作序列。当在后台进行遥控操作时，正常情况下，后台每步操作都必须经过后台的"五防"逻辑判断和操作票顺序判断；同时经过测控装置的联锁逻辑判断，如果条件满足，则将分合闸指令下发到相应的智能终端，通过智能终端实现分合闸操作。当进行就地操作时，测控屏以及智能汇控柜的就地操作都需要经过操作票序列校验、后台"五防"和间隔测控联锁校验。紧急情况下，系统可进行"五防"解锁功能。

第三节　智能变电站一键顺控

一、概述

一键顺控是指变电站倒闸操作的一种操作模式，可实现操作项目软件预制、操作任务模块式搭建、设备状态自动判别、防误联锁智能校核、操作步骤一键启动、操作过程自动顺序执行等功能。

智能变电站中的一键顺控技术用操作任务替代了传统的操作票，将多步骤的复杂任务整合为一个整体，一键控制，减少了单步操作时可能出现的误操作，节省了人力，保障了操作人员的人身安全和设备操作的安全性，提高了电网运维检修的工作效率，提高了电网的运行质量，为经济的高速发展提供了保障。

随着变电站的增加，传统倒闸操作需要运维人员人工完成复杂操作的方式导致电网的运行压力越来越大，而一键顺控技术解放了运维人员，大大减轻了人员不足和运维检修需求量大之间的矛盾。

二、目标

变电站一键顺控操作主要实现主设备状态转换，包括如下几种。

（1）实现组合式电器，敞开式电器，充气式、固体绝缘开关柜"运行、热备用、冷备用"3种状态间的转换操作。

（2）实现空气绝缘开关柜"运行、热备用"两种状态间的转换操作。

（3）实现倒母线、主变压器中性点切换、终端变电站电源切换操作。

三、功能要求

1. 一次设备

（1）断路器应具备遥控操作功能，三相联动机构位置信号的采集应采用分/合双位置接点，分相操作机构应采用分相双位置接点。

（2）母线和各间隔宜使用电压互感器数据，无电压互感器时应增加具备遥信和自检功能的三相带电显示装置。

（3）隔离开关应具备遥控操作功能，其位置信号的采集应采用双位置接点遥信。

2. 监控系统

监控主机应具备一键顺控功能，并包含监控主机具备的原有所有功能，监控主机宜采用双网冗余接入Ⅰ区站控层网络，若原站控层网络为单网则通过单网接入，直接从站控层网络上采集一二次设备运行状态、实时电气测量值、电网异常指示等信息。

3. 智能防误系统

智能防误主机应能与监控系统内置防误逻辑共同实现一键顺控双套防误校核，智能防误主机从监控主机获取全站设备实遥信状态。智能防误主机宜采用双网冗余接入站控层网络，若原站控层网络为单网则通过单网接入。

4. 双确认

（1）断路器双确认要求

一键顺控操作中，断路器位置检查应该满足双确认要求，其位置确认应采用"位置遥信＋遥测"的判据。

1）主要判据。位置遥信作为主要判据，采用分/合双位置辅助接点，分相断路器遥信量采用分相双位置辅助接点。

2）辅助判据。遥测量提供辅助判据，采用三相电流或电压。三相电流取自本间隔电流互感器，电压取自本间隔电压互感器或母线电压互感器。无法采用三相电流和电压时，应增加三相带电显示装置，采用三相带电显示装置信号作为辅助判据。在特殊情况下操作时，若辅助判据无法满足，可由人工确认断路器位置无误后选择忽略双确认判据结果，继续一键顺控操作。

（2）隔离开关双确认要求

一键顺控操作中，隔离开关分合闸位置检查应满足双确认要求，判据分为主要判据和辅助判据，主要判据由辅助接点信号提供，辅助判据由姿态传感系统、视频联动系统、微动开关或其他非同源信号提供。隔离开关分合闸位置"双确认"监测系统应优先采用有线通信方式将隔离开关位置信息传输至一键顺控主机系统。

1）主要判据。隔离开关操作后位置检查主要判据为其辅助接点信号，通过隔离开关辅助触点反映其操作后的位置情况。

2）辅助判据。隔离开关操作后位置检查辅助判据目前有姿态传感系统、视频联动系统以及微动开关等，其实现方式如下：

① 姿态传感系统。姿态传感系统由姿态传感器和接收装置组成，姿态传感器通过工业总线方式将隔离开关位置信息传输至就地的接收装置，接收装置

经过分合闸位置判别后，输出无源接点至测控装置（常规站）或智能组件（智能站）。如有必要，接收装置可将详细信息（分合闸角度、分合闸时间、判别结论、传感器工作状态等信息）以 IEC 61850 标准通信方式上传至后台系统中，后台系统可单独部署也可接入变电站现有的辅控系统平台，实现隔离开关分合闸位置"双确认"信息的实时监测。

② 视频联动系统。视频联动系统由一体化数字摄像机、顺控视频站端主机、顺控视频主站等部分组成，靠站端视频联动方式实现。站端顺控主机下发顺控预置信令经正向隔离装置传送至顺控视频站端主机，顺控视频站端主机自动调取对应的隔离开关视频监控数据，并启动视频智能分析功能，顺控视频站端主机全程监控隔离开关操作画面并输出隔离开关分合闸状态信号至对应的测控装置，完成站端一键顺控操作。

③ 微动开关。采用电缆通信方式将隔离开关微动开关位置信号传输至就地控制柜，在就地控制柜内，将微动开关无源节点信号三相之间直接串联后接入变电站测控装置。

四、一键顺控操作对防误需求

一键顺控操作是智能变电站的一项高级应用功能，是指在变电站需要进行一系列倒闸操作时，操作员可通过单个操作命令触发系统自动按规则完成一系列操作，最终改变系统运行状态的过程。因此在智能变电站程序化操作模式下的"五防"功能需求必定与传统变电站中采用的单一设备操作模式下的"五防"存在一定区别。

一键顺控操作一般分为程序仿真阶段和指令下发控制阶段两个阶段。

1. 程序仿真阶段

程序化操作票定义完成之后，在将它们下发到相应的执行装置之前，为检验操作票内容逻辑的正确性和应用的实效性，需进行完整的系统操作仿真。仿真阶段并不操作任何一个真实物理开关，而是以逼真的环境模拟现场实际运行操作。

在程序仿真阶段，"五防"功能应能够检测并发现操作票内容中存在的逻辑和应用缺陷并给出相关修订提示，供运行人员纠正，为程序化操作的安全性提供第一道安全保障。

2. 指令下发控制阶段

程序仿真通过验证正确后，系统将按照预置指令顺序进行系列操作。在这一阶段，站控层"五防"需与间隔层"五防"相配合，实现对每一步操作的安全校验。

"五防"功能需根据断路器、隔离开关操作前后的具体位置信号，电压、电流等模拟量数据，一次设备实际位置图像识别以及防误闭锁逻辑等信息，对程序化操作中的每一步操作做出是否可执行判断和是否执行成功判断，并将判断结果反馈给运维人员。

五、一键顺控操作的防误措施

防误措施是一键顺控操作的重要组成部分，通过站端防误系统、辅助接点采用双位置信号及操作票执行条件定义校验来实现防止误操作。

为了保证发出符合实际条件和逻辑正确的程序化操作命令，系统首先要对设备的运行状态进行判断，从后台操作界面中屏蔽掉不是从当前状态开始的操作，保证程序化操作只能从当前状态向目标状态进行；同时，为校验程序化操作逻辑的正确性，在选定操作任务之后，下发到间隔层设备执行之前，必须先在站端防误系统进行完整的系统仿真。

为了防止在程序化操作过程由于一次设备辅助接点不可靠造成一次设备的实际位置与辅助触点反应的位置不对应引起误操作，一次设备操作后的位置检查应采用"双确认"信号，即通过"主要判据＋辅助判据"实现操作后位置检查，主要判据与辅助判据不一致时闭锁相关操作。间隔装置在执行程序化操作时，严格按照操作票执行条件定义进行校验，每完成一步操作均检验操作是否成功；若校验成功，系统将进入下一步操作，否则系统将弹出操作对话窗口供用户选择中止或继续执行。另外在程序化操作过程中，如出现全站事故总信号，程序化操作将自动急停并进入相关防误操作处理程序，以避免事故的蔓延。

第四节　智能变电站二次防误

一、智能变电站二次防误关键点

智能变电站与常规变电站最为重要的区别就在于智能二次设备应用、光纤通信网络信息传递、网络交换机链路传输逻辑等，若不能熟练掌握智能二次设备相关原理，将为变电站运行、维护埋下极大安全隐患，故在智能变电站二次方面是防误管理关键要点。

1. 保护装置软压板投退管理

智能变电站保护装置主要配置了检修硬压板、远方投退压板等硬压板以及差动投入软压板、过流软压板、高后备软压板等软压板。

保护功能切换、保护功能投退是通过在保护装置、监控后台中对软压板进行投退实现。

由于软压板投退不直观，易造成保护装置、自动装置软压板的漏投、漏退、误投、误退等，可能使得一次设备在错误保护配置、甚至在无保护配置下运行，严重威胁设备与电网安全。

2. 站内数字化链路管理

智能变电站有别于常规站采用二次电缆采集电流、电压模拟量数据，并通过其发送断路器跳、合闸命令的方式，而是采用网络、光纤数据通采集数字量、发送数字信号的数据链路传输方式。

每条链路数据都对应一个甚至几个保护装置、自动控制装置、合并单元、智能终端等，若发生数据链路中断告警，其故障涉及设备范围广、造成设备影响大，需要快速隔离发生故障及异常的二次设备，保证全站设备的可靠运行。

3. 一键顺控操作管理

智能变电站设备均配置了顺控操作功能，具备完全独立的设备倒闸操作条件，经安全校核后，可自动完成所要求的运行方式变化的设备控制。顺控操作又分为间隔内操作与间隔外操作。在进行顺控操作过程中，因其完全由系统控制完成，运维人员无法有效介入操作过程，一旦出现不可控的操作行为，将后果严重，所以抓好顺控操作验收，做好源头管控是防误的关键。

二、智能变电站二次防误管理措施

1. 强化软压板管理

严把智能变电站验收环节，保证保护装置中软压板定义的正确性、唯一性，强化智能变电站二次验收步骤，具体要求如下。

（1）要求保护装置厂家人员提供装置的软压板清册、软压板基本功能释义。

（2）进行软压板的实际功能测试，按照运维工作要求明确软压板的详细定义。

（3）制定软压板管理规范流程与制度，在保护装置旁边制作导航图，标明装置内软压板与后台软压板对应关系。

（4）明确后台监控上软压板着色要求，即功能压板为黄色，出口压板为红色，杜绝倒闸操作、运维检修工作中误投退压板可能性。

（5）将倒闸操作中软压板投退后检查项目作为操作项列入操作票，要求监控后台进行软压板投退操作后，必须在保护装置上检查该软压板确已投入或退出。

图 3-2 所示为 220kV 母差保护装置菜单导航及运行管理说明，说明中除了母差保护装置的操作导航说明外，还标明了保护装置内软压板名称与监控后台内软压板名称对应关系，采用双色标注，红色软压板正常运行时投入，绿色压板正常运行时退出，便于运维人员核对。

限值设置	大　差（A/B/C)	正母小差（A/B/C)	副母小差（A/B/C)
正常值/A	A相:0.002 B相:0.002 C相:0.002	A相:0.002 B相:0.002 C相:0.002	A相:0.002 B相:0.002 C相:0.002
上限值/A	A相:0.006 B相:0.006 C相:0.006	A相:0.006 B相:0.006 C相:0.006	A相:0.006 B相:0.006 C相:0.006

装置操作说明：

主画面下按"取消"进入主菜单，"↑↓"键切换选中项，"→←"键进行翻页，按"确定"键确认当前步操作，按"取消"键返回，按信号复归按钮可复归指示灯。

查看实时采样值："主菜单→保护状态→保护测量"确认查看相关内容。

查看差流："主菜单→保护状态→保护测量→差流与电压幅值测量"确认查看大差三相电流及正副母小差三相电流。（母线对应：Ⅰ母→正母，Ⅱ母→副母）

查看时间：主画面下按"取消"键进入主菜单，画面下方显示。

保护定值修改：主菜单→整定定值→保护定值→按"+""-"键输入定值区号（1区）并按"确定"键→按"↑↓←→"键选中需修改定值后按"确定"键→在定值修改画面下，按"→←"键选中需修改数位，按"+""-"键进行数值加减修改→按"确定"键后返回上层菜单，再按"取消"键（多个定值同时修改时可全部修改完毕再按取消键）→在提示是否保存当前修改的界面上按"确定"键→输入用户密码00000后按"确定"键等待几秒即切换成功→再次用相同方法进入检查保护定值已正确修改。

操作压板：主菜单→整定定值→功能软压板/母联（分段）运行方式软压板/GOOSE 失灵开入软压板/GOOSE 出口软压板/SV接收软压板/刀闸强制位置软压板→按"↑↓←→"键选中需操作压板后按"确定"键→在软压板投退画面下，按"+""-"键修改压板控制字，"1"代表压板放上，"0"代表压板取下——按"确定"键后返回上层菜单，再按"取消"键（多个压板同时操作时可全部操作完毕再按取消键）→在提示是否保存当前修改的界面上按"确定"键→输入用户密码00000后按"确定"键等待几秒即切换成功→再次用相同方法进入检查软压板已正确投退。（无特殊情况，均在后台操作软压板投退）

压板名称对照

压板类型	装置内压板名称	操作及后台用压板名称
功能软压板	差动保护软压板	220kV第一套母差保护差动投入软压板11LP1
	失灵保护软压板	220kV第一套母差保护失灵投入软压板11LP2
母联运行方式软压板	ML分列运行软压板	220kV第一套母差保护母联检修投入软压板11LP3
	ML互联运行软压板	220kV第一套母差保护强制母线互联软压板11LP4
GOOSE失灵开入软压板	江炮4Q73失灵开入软压板	220kV第一套母差保护江炮4Q73失灵启动软压板11LP5
	江兴4Q74失灵开入软压板	220kV第一套母差保护江兴4Q74失灵启动软压板11LP6
	袍桑2U41失灵开入软压板	220kV第一套母差保护袍桑2U41失灵启动软压板11LP7
	袍港2U42失灵开入软压板	220kV第一套母差保护袍港2U42失灵启动软压板11LP8
	#1ZB失灵开入软压板	220kV第一套母差保护#1主变失灵启动软压板11LP9
	#2ZB失灵开入软压板	220kV第一套母差保护#2主变失灵启动软压板11LP10
GOOSE出口软压板	ML出口软压板	220kV第一套母差保护跳220kV母联开关软压板11LP11
	江炮4Q73出口软压板	220kV第一套母差保护跳江炮4Q73开关软压板11LP12
	江兴4Q74出口软压板	220kV第一套母差保护跳江兴4Q74开关软压板11LP13
	袍桑2U41出口软压板	220kV第一套母差保护跳袍桑2U41开关软压板11LP14
	袍港2U42出口软压板	220kV第一套母差保护跳袍港2U42开关软压板11LP15
	#1ZB出口软压板	220kV第一套母差保护跳#1主变220kV开关软压板11LP16
	#2ZB出口软压板	220kV第一套母差保护跳#2主变220kV开关软压板11LP17
	#1ZB失灵联跳软压板	220kV第一套母差保护220kV母差启动#1主变失灵软压板11LP18
	#2ZB失灵联跳软压板	220kV第一套母差保护220kV母差启动#2主变失灵软压板11LP19
SV接收软压板	电压_SV接收软压板	220kV第一套母差保护母线电压接收软压板11LP20
	ML_SV接收软压板	220kV第一套母差保护母联开关电流接收软压板11LP21
	江炮4Q73_SV接收软压板	220kV第一套母差保护江炮4Q73开关电流接收软压板11LP22
	江兴4Q74_SV接收软压板	220kV第一套母差保护江兴4Q74开关电流接收软压板11LP23
	袍桑2U41_SV接收软压板	220kV第一套母差保护袍桑2U41开关电流接收软压板11LP24
	袍港2U42_SV接收软压板	220kV第一套母差保护袍港2U42开关电流接收软压板11LP25
	#1ZB_SV接收软压板	220kV第一套母差保护#1主变220kV开关电流接收软压板11LP26
	#2ZB_SV接收软压板	220kV第一套母差保护#2主变220kV开关电流接收软压板11LP27

其余未列入的压板状态均按整定单投退且禁止运行人员操作！

注：红色压板表示正常运行方式时投入，绿色表示正常运行方式时退出。

图 3-2　220kV 母差保护装置菜单导航及运行管理说明（包含软压板对照表）

2. 梳理链路信息

变电站的综合自动化后台机中应设置全站链路监控图，用于日常巡检、维护等工作。日常工作中遇到二次装置异常、网络传输异常可查看站内实时链路监控图。

编写智能变电站智能设备异常处理手册，包含间隔信息流图、各类智能设备异常时的应急处理卡，囊括所有链路、装置、软压板数据范围以及该链路故障后的影响，可为快速确定故障范围、隔离故障提供关键性信息。图 3-3 所示为某台

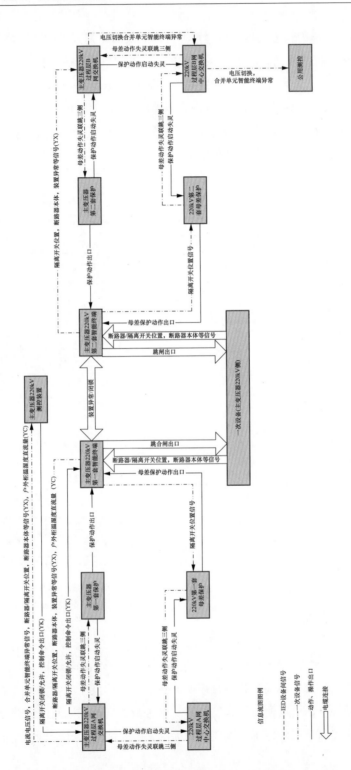

图 3-3 某台主变压器 220kV 间隔信息流

主变压器220kV间隔信息流。1号主变压器第一套保护故障应急处理卡见表3-1。

3. 严格验收一键顺控操作

严把顺序控制操作票编制关。根据现场实际设备情况、操作票填写规范逐站编写顺序控制倒闸操作票，并按三级审核要求审核顺序控制倒闸操作票，经审核后的操作票方可录入智能变电站系统作为逻辑操作票。

做好顺控操作验收工作，进行3次顺控操作核对。核对顺控操作流程，按操作任务站逐一核对顺控操作，与调度端共同验收，对发现的问题即刻进行处理，保障顺控操作的正确。

表 3-1　　　　　　　　　1号主变压器第一套保护故障应急处理卡

应急事件		1号主变压器第一套保护故障
装置重启	1	汇报调度，取得调度同意后
	2	放上1号主变压器第一套保护装置检修状态投入压板1KLP2
	3	拉开1号主变压器第一套保护装置直流电源开关1K
	4	间隔1min后，合上1号主变压器第一套保护装置直流电源开关1K
	5	检查1号主变压器第一套保护液晶显示及各指示灯正常
	6	检查1号主变压器220kV过程层A网交换机上该保护装置通信指示正常
	7	检查1号主变压器220kV第一套智能终端、220kV第一套母差保护无断链信号
	8	检查1号主变压器110kV第一套智能终端、110kV1号母联开关智能终端、110kV正母线分段开关智能终端、110kV正母线备自投无断链信号
	9	检查1号主变压器35kV第一套智能终端、35kV母线分备自投装置无断链信号
	10	若重启不成，则取消第11～14步操作，并根据调度指令按"装置故障隔离"处置步骤将相关保护退出
	11	取下1号主变压器第一套保护装置检修状态投入压板1KLP2
	12	检查1号主变压器220kV第一套智能终端、220kV第一套母差保护无异常及告警信号（包括后台信息）
	13	检查1号主变压器110kV第一套智能终端、110kV1号母联开关智能终端、110kV正母线分段开关智能终端、110kV正母线备用进线自动投入装置无异常及告警信号（包括后台信息）
	14	检查1号主变压器35kV第一套智能终端、35kV母线分段备用进线自动投入装置无异常及告警信号（包括后台信息）
	15	将重启结果汇报地调、监控

续表

应急事件	1号主变压器第一套保护故障
装置故障隔离	1号主变压器第一套保护由跳闸改为信号
注意事项	

第四章 倒闸操作及检修作业防误管理

第一节 变电站防误管理

一、总体要求

防误装置是防止运维和工作人员发生电气误操作的有效技术措施。加强变电站防止电气误操作装置（以下简称防误装置）的管理，可使其在生产运行中更好地发挥作用。

新（改、扩）建的变电站，防误装置必须与主设备同时设计、同时安装、同时验收投运。改扩建工程采用的防误闭锁装置型式应与前期保持一致。变电运维（操作）人员和检修维护人员应熟悉防误装置的管理规定，做到"四懂三会"（懂防误装置的原理、性能、结构和操作程序，会熟练操作、会处缺和会维护）。新上岗人员应进行相关知识和技能的培训。防误装置管理应纳入现场运行规程，明确技术要求、使用方法、定期检查、维护检修和巡视等内容。防误装置的检修和缺陷管理应与主设备相同，并明确运维、检修单位各自的管辖范围和检修、维护职责。

变电站防误管理应实行责任制，切实落实防误操作工作责任制，各单位应设专人负责防误装置的运行、维护、检查、管理工作。定期开展防误闭锁装置专项隐患排查，分析防误操作工作存在的问题，及时消除缺陷和隐患，确保其正常运行。

各单位应设置防止电气误操作装置管理专人（简称"防误专责人"），归口部门负责本单位防止电气误操作装置管理工作，应定期发文明确防误专责人员名单。

二、防误装置解锁类型

（1）第一类：操作中装置故障解锁。指在正常操作过程中，操作正确但防误闭锁装置（设备、系统）故障时进行的解锁操作（包括使用微机防误的人工置位授权密码）。

（2）第二类：操作中非装置故障解锁。指在非正常运行状态下或采用非正常操作顺序（程序），且防误闭锁装置（设备、系统）无故障时进行的解锁操作（包括使用微机防误的人工置位授权密码）。

（3）第三类：运行维护解锁。指出于防误闭锁装置、钥匙箱、机构箱、开关柜等检查、维护需要，但不进行实际操作的解锁。

（4）第四类：配合检修解锁。指在检修、验收工作过程中，配合检修工作需要进行的解锁。

（5）第五类：紧急（事故）解锁。指遇有危及人身、电网和设备安全等紧急情况需要进行的解锁。

三、防误装置解锁审批流程

（1）倒闸操作过程中，防误装置及电气设备出现异常需要解锁操作，应由防误装置专业人员核实防误装置确已故障并出具解锁意见，报运维管理单位防误解锁批准人许可，经防误装置专责人或运维管理单位指定并经书面公布的人员到现场核实无误并签字后，由变电站运维人员报告当值调控人员，方可解锁操作。

（2）电气设备因运行维护或配合检修工作需要解锁，应经防误装置专责人或运维管理单位指定并经书面公布的人员现场批准，在值班负责人监护下由运维人员经防误闭锁系统进行操作。

（3）若遇危及人身、电网、设备安全等紧急情况需要解锁操作，可由值班负责人下令紧急使用解锁工具（钥匙）。

四、解锁工具（钥匙）使用要求

封存在防误解锁工具（钥匙）智能管理装置内的解锁工具（钥匙），应按照公司相关规定经审批后使用，使用后立即封存，未经相关审批流程严禁取用。

1. 第一、二类解锁

第一、二类解锁流程中涉及的相关人员职责如下。

（1）防误装置专责人或运维管理单位指定并经书面公布的人员应确认相关解锁授权申请短信（或动态密码）发送正确。

（2）运维管理单位防误装置解锁批准人收到防误解锁申请短信及开箱密码（或动态密码）后，告知防误装置专责人或运维管理单位指定并经书面公布的人员，由其现场输入开箱密码（或动态密码）。

（3）现场操作人员根据规定取用钥匙进行解锁操作，解锁工具（钥匙）使用完毕后及时封存，并经防误装置专责人或运维管理单位指定并经书面公布的人员确认。

2. 第三、四类解锁

第三、四类解锁流程中涉及的相关人员职责如下。

（1）值班负责人确认相关解锁授权申请短信（或动态密码）发送正确。

（2）防误装置专责人或运维管理单位指定并经书面公布的人员收到防误解锁申请短信及开箱密码（或动态密码）后，告知值班负责人，由其现场输入开箱密码。

（3）现场当班人员根据规定取用钥匙进行解锁操作，解锁工具（钥匙）使用完毕后及时封存，并经值班负责人确认。

3. 第五类解锁

第五类解锁流程中涉及的相关人员职责如下。

（1）由值班负责人根据事故的紧急程度执行解锁流程，通过解锁工具（钥匙）箱应急方式取用相应的解锁工具（钥匙）。按相关规定进行解锁操作。

（2）紧急（事故）解锁事件要及时汇报主管领导，事后应在装置平台中进行补录，并详细记录使用的原因、日期、时间、使用者等信息。

（3）紧急（事故）解锁事后要及时联系所在单位防误装置专责人，以便及时安排维护人员对钥匙箱进行修复。

第二节 倒闸操作防误管理

一、倒闸操作过程中防误操作的措施及要求

（1）变电运维人员倒闸操作必须使用防误装置，并按规定或设计要求的程

序进行。

（2）设备命名标志完整、清晰、准确。

（3）倒闸操作要认真按照国家电网公司《电气倒闸操作作业规范》中的要求进行，严格执行倒闸操作"六要七禁八步一流程"。特别需注意严禁随意解锁操作，严禁未经批准解除防误闭锁装置进行操作，单人操作严禁解锁；操作过程中产生疑问时，应立即停止操作并向发令人报告，不准解除防误闭锁装置进行操作。动用紧急解锁钥匙应经当班负责人或班长批准，报告当值调度员后进行解锁操作，并及时向室领导汇报。

1）"六要"的具体内容为：①要有考试合格并经批准公布的操作人员名单；②要有明显的设备现场标志和相别色标；③要有正确的一次系统模拟图；④要有经批准的现场运行规程和典型操作票；⑤要有确切的操作指令和合格的倒闸操作票；⑥要有合格的操作工具和安全工器具。

2）"七禁"的具体内容为：①严禁无资质人员操作；②严禁无操作指令操作；③严禁无操作票操作；④严禁不按操作票操作；⑤严禁失去监护操作；⑥严禁随意中断操作；⑦严禁随意解锁操作。

3）"八步"的具体内容为：①第一步，接受调度预令，填写操作票；②第二步，审核操作票正确；③第三步，明确操作目的，做好危险点分析和预控；④第四步，接受调度正令，模拟预演；⑤第五步，核对设备命名和状态；⑥第六步，逐项唱票复诵操作并勾票；⑦第七步，向调度汇报操作结束及时间；⑧第八步，改正图板，签销操作票，复查评价。

（4）必须严格按照倒闸操作票的顺序进行操作，任何人不得擅自变更操作顺序或跳步、跳页操作。

（5）变电站自行掌握的操作，必须由当班负责人发令，由监护人开操作票进行操作。

（6）对于因故中断操作后重新进行的操作，恢复时必须重新核对当前步的设备命名（位置）并唱票、复诵无误后，方可继续进行。

（7）每步操作结束，由监护人在原位简要提示下步操作内容，然后一起到达下步操作的设备（间隔）位置，才能开始执行下步操作。

（8）操作中出现异常，应停止操作，汇报调度，在查明原因并采取措施，经调度同意后，方可继续进行操作。

（9）在倒闸操作中防误闭锁装置出现异常，必须停止操作，应重新核对操作步骤及设备编号的正确性，查明原因，确系装置故障且无法处理时，履行审批手续后方可解锁操作。

（10）在装有带电显示器的设备上操作时，显示器是否显示不能作为设备有电与否的唯一依据，但当显示有电时则该设备应视为有电。

（11）电动操作的闸刀，运行操作禁止采用手动操作接触器及短接线的方式进行解锁操作。

（12）改变正常操作方式，如电动改手动、远方改就地等，均应在现场运行规程中明确改变的方法、改变后的操作步骤及改变操作方式后的注意事项。

二、规范操作监护制度

倒闸操作分为监护操作、单人操作和检修人员操作 3 种方式。

（一）监护操作

监护操作由两人进行同一项操作，其中一人为监护人，执行人在监护人的监护下进行的操作是监护操作。进行电气设备倒闸操作时，如果不按照操作票所列操作项目的正确顺序进行操作，可能导致人身伤害、设备损坏，危及系统正常运行，其危害具有瞬时性和不可挽回性。因此，操作监护人需要对所进行的操作正确性有一定的分析和判断能力，操作前应由监护人组织进行危险点分析，从断路器及隔离开关的操作、地线装设、安全工具使用等方面进行分析，针对具体的设备开展讨论，现场操作人员严格执行有关倒闸操作的规定和标准，保证安全操作。特别重要和复杂的倒闸操作，对操作人和监护人的能力要求更加严格，应由熟练的运行人员操作，运行值班负责人监护。

现场操作人员应按工作票检查停电范围内的接地线组数，以及已经合入接地隔离开关的数量，实施送电操作前亲自清点、逐号核对，做到心中有数，避免带电挂接地线、带电合接地开关以及带接地线或接地开关合闸事故的发生。

（二）单人操作

在特定条件下，由单人完成的操作为单人操作。单人操作应填写操作票，由发令人将操作内容逐条向值班员传达。由于没有监护人，应对操作人的操作范围及项目进行明确界定，发令人对操作顺序、步骤的完整性和所发命令内容的正确性负责。实行单人操作的设备、项目及运行人员需经设备运行管理单位批准，人员应通过专项考核。

（三）检修人员操作

检修操作人员必须经过操作规程、防误管理规定、典型操作票、操作票填写等项目的培训，并经考试合格后，方可在监护人的监护下进行 220kV 及以下的电气设备由热备用至检修或由检修至热备用的操作，在操作过程中只允许对隔离开关或接地隔离开关进行操作，监护人应由同一单位有经验的检修或运行人员担任。

倒闸操作过程中，操作监护人应切实履行监护职责，做到：①不准班前饮酒；②不准无票操作；③不准使用不合格票操作；④不准凭记忆和印象操作；⑤不准在操作中弄虚作假；⑥不准无故拖延操作时间；⑦不准在操作中做与操作无关的事情；⑧不准在操作中离开岗位；⑨不准不按操作票顺序跳项操作；⑩不准在操作中多项一起打钩；⑪不准不核对并复诵设备名称、编号、位置就操作；⑫不准单人操作；⑬不准单人提前开锁和动用设备；⑭不准擅自使用解锁钥匙进行操作。

如遇下列情况应禁止继续操作：①不使用录音笔；②安全工具不合格；③操作任务不明确；④受令不清楚；⑤不进行模拟预演；⑥监护人不审票；⑦监护人不下令；⑧单人在现场；⑨操作人不复诵正确；⑩操作中产生疑问不解决；⑪不验电不准挂地线；⑫操作内容与实际方式不符；⑬运行方式不清楚。

三、正确填写操作票

倒闸操作票是用书面形式明确操作任务、操作项目和操作顺序，是防止在正常操作中发生事故的一项有效措施。操作票中的操作步骤具体体现了设备转换过程中的先后顺序和需要注意的问题。从各类电气误操作事故案例中发现，许多误操作事故是从错误填写操作票开始的，错误的操作票导致了错误的操作行为，严重时则发生事故。因此，要严格执行操作票制度，把住交代操作任务、填写操作票、审票、接令和执行四大关口。

对于正常的电气设备倒闸操作，应由操作人按规定填写操作票，每张操作票只能填写一个操作任务。在操作票中，下列项目必须填入：①应拉合的断路器和隔离开关；②检查断路器和隔离开关的位置；③检查接地线是否拆除；④检查负荷分配；⑤装拆接地线；⑥安装或拆除控制回路或电压互感器回路的保险器；⑦切换保护回路及检查是否确无电压等。

操作票应填写正确、字迹清楚，操作内容、步骤正确，要用统一术语填写，设备应用双重编号（即设备名称和编号），操作票统一编号后不得有缺页，填写完毕后应由审票人审票，签名人员应按规定签名，不得由他人代签。操作票上还应填写正确的操作时间。

单人值班时，发令人用电话向值班员传达，值班员填写操作票并复诵无误，在监护人签名处填入发令人名字后，方能进行操作。执行操作时必须两人进行，一人监护、另一人操作，应先进行模拟操作，后进行实际操作。由监护人唱票并核对设备名称、编号和位置，操作人复诵并再次校对无误后，监护人发令操作，监护人未发令，操作人不得操作。监护人一定要始终监护好操作人的每一步操作，防止走错间隔误拉、误合隔离开关以及在带电设备上挂接地线。操作时每操作完一项在操作票上做一个"√"记号，操作产生疑问时，应立即停止操作并向值班调度员或值班负责人报告，弄清问题后，再进行操作，在未弄清问题之前，不准擅自解除防误闭锁装置，更不允许擅自更改操作票。

已操作的操作票，应注明"已执行"字样；作废的操作票，应注明"作废"字样。

为了防止电气误操作事故的发生，必须执行统一规定，根据安全规程，对本单位执行操作票制度的具体程序和方法制订补充规定或实施细则，并据此培训有关人员，使两票制度的执行标准化。

四、二次设备防误操作管理原则要求

（1）对压板操作、电流端子操作、切换开关操作、插拔操作、二次开关操作、按钮操作、定值更改等继电保护操作，应制订正确操作要求和防止电气误操作措施。

（2）保护出口的二次压板投入前，应检查无出口跳闸电压、装置无异常、无掉牌信号。二次压板应有醒目和位置正确的标牌（标签）。

（3）涉及二次运行方式的切换开关，如母差固定连接方式切换开关、备用电源自投切换开关、电压互感器二次联络切换开关等，在操作后，应检查相应的指示灯或光字牌，以确认方式正确。

（4）二次设备的重要按钮在正常运行中，应做好防误碰的安全措施，并在按钮旁贴有醒目标签加以说明。

（5）应对不同类型保护制订二次设备定值更改的安全操作规定，如微机保护改变定值区后应打印或确认定值表，调整时间继电器定值时应停用相关的出

口压板，时间定值调整后，应检查装置无异常后再投入出口压板等。

（6）严格执行《国家电网公司电力安全工作规程变电部分》"二次工作安全措施票"及相关管理规定。

五、操作接地线的使用和管理

操作接地是指改变电气设备状态的接地。操作接地由操作人员负责实施。操作接地应优先选择接地开关接地，接地开关因故无法使用时方可采用装设接地线接地，原则上两者不得同时使用。操作接地（含接地开关或接地线）的装设必须与调度发令任务的状态相一致或符合各单位对于设备各种检修状态的明确定义。

操作接地线的使用和管理，执行《国家电网公司电力安全工作规程变电部分》有关规定。变、配电站内操作接地线的挂设点应事先明确设定，并实现强制性闭锁。

（一）接地线定位原则

电气设备应有完善的防止电气误操作闭锁装置。对于防误功能不完善的检修设备接地，应采用接地线定位的方法来有效防止带电装设接地线和带接地线合闸的恶性误操作事故的发生。

1. 接地端定位要求

户外接地端应具有防止带电挂接地线和带接地线合闸功能（如装设防误挡板等），主变压器引线桥下方适当位置可单独设置一处接地点，同一部位接地点必须保证唯一性。

户内接地端应设置在开关柜、网门（可设置在开关柜边门内）外，防止整副接地线在开关柜（网）门内或外，特殊情况设置在开关柜内必须具有防误功能。

2. 导体端定位要求

尽可能考虑导体端与接地端间防误闭锁功能，否则应尽量设置在值班员明显可视位置。对于同一类型接线方式的设备，导体端应相对统一。

（二）接地线的管理。

（1）同一变电站、集控站（操作站）内接地线的编号应保持唯一性，从外面借入的接地线应视同本站的接地线进行定置管理，统一编号，不得重复。

（2）变电站内接地线应加强交接管理，每班均必须核对数量、位置、状态。

（3）监控后台若不能准确标识现场接地点（含接地开关和接地线），必须设置实物模拟图板，并以图板为准。

（4）在变电站内工作，外部人员严禁将任何形式的接地线（包括个人保安线）带入变电站内。

六、倒闸操作解锁

防误装置在正常情况下严禁解锁或退出运行。防误装置整体停用，应经本单位分管生产的副总经理或总工程师批准并采取相应的防止电气误操作的有效措施，如遇有操作，应安排变电运维（运检）单位分管主任及以上人员到现场监护。

倒闸操作过程中，防误装置及电气设备出现异常需要解锁操作，应由防误装置专业人员核实防误装置确已故障并出具解锁意见，报运维管理单位防误解锁批准人许可，经防误装置专责人或运维管理单位指定并经书面公布的人员到现场核实无误并签字后，由变电站运维人员报告当值调控人员，方可解锁操作。

若遇危及人身、电网、设备安全等紧急情况需要解锁操作，可由值班负责人下令紧急使用解锁工具（钥匙）。

第三节　检修作业防误管理

一、设备检修中的操作规定

电气设备检修时需要对检修设备解锁操作，应经变电站站长或发电厂当值值长批准，并在变电站或发电厂值班员监护下进行。

设备检修过程中需要进行的操作，不得改变运行系统接线方式和安全措施，并且一般应采用常规操作方法在安全措施范围内进行。若采用非常规操作方法，应经现场当值运行人员许可并在监护下进行。

若进行集中检修时，必须建立设备状态交接验收卡制度，因工作需要在原先安全措施范围内改变某一设备状态前必须得到运行人员的许可，在工作结束时，必须逐项、分步骤检查设备状态，将该设备状态恢复至运行人员许可工作时状态。

工作许可前工作票安全措施中所需挂（合）的接地线（接地开关），由运行人员实施，并对其正确性负责。

二、工作接地线管理

（一）工作接地线使用要求

工作接地是指在操作接地实施后，在停电范围内的工作地点，对可能来电（含感应电）的设备端进行的保护性接地。工作接地线的使用要求如下。

（1）工作中需要挂工作接地线应使用变电站内提供的接地线，并履行借用手续，装设工作接地线的地点应与运行人员一同商定，并不得随意变更。

（2）工作接地线的借用应办理借用手续，由工作负责人在工作接地线借用记录表中填写借用的理由、装设的地点、事件，会同工作许可人共同到现场确认后，履行签名借用手续。运行人员应记录工作接地线的去向，工作接地线借用记录表应按值移交。

（3）工作接地由工作负责人监护，工作人员装拆，工作许可人配合，并在工作票（含工作许可人和负责人联）备注栏内填写装拆情况。

（4）对于因工作需要加挂的工作接地线，运行人员对其数量和地点的正确性负责，工作人员对其装拆的正确性、安全性负责。

（5）在工作终结前，由工作负责人负责拆除工作接地线，工作许可人结合设备状态交接验收清点接地线数量和编号，确保现场所有工作接地线已全部收回，然后双方签名履行工作接地线归还手续。

（6）状态交接验收过程中发现遗留的工作接地线，负有主要责任的工作人员按误操作事故未遂论处，并给予个人违章计6分；状态交接验收结束，双方确认签字后仍有遗留的工作接地线，而由其他人员提出并加以纠正的，签字双方的工作人员和运行值班人员均按误操作事故未遂论处，并给予个人违章计6分。对于及时发现遗留工作接地线，避免误操作事故发生的有关人员，按发现重大隐患，给予通报表扬和奖励。

（二）接地线变动

（1）高压回路上工作或电力电缆试验按规定需要对操作接地变动方能工作的，由工作负责人向运行人员提出，并经值班负责人同意（根据调度员指令装设的接地开关或接地线，应征得当值调度员的许可）。

（2）操作接地的变动由运行人员负责实施，如果实施过程中有困难可以由运行人员负责监护，工作人员负责实施。操作接地的变动情况应在工作票（含工作许可人和负责人联）备注栏内记录。

（3）相关工作完毕，由工作负责人向运行人员提出恢复操作接地，工作负责人和运行人员应共同核对恢复后操作接地（接地开关或接地线）的名称、编号、位置正确，并在工作票（含工作许可人和负责人联）备注栏内记录恢复情况。

（三）多张工作票同一地点装设工作接地线的执行

在变电站进行检修、技改时，因多个施工单位施工，往往没有采用总工作票、分工作票形式进行工作，各施工单位各自开工作票进行工作，从而出现多张第一种工作票同一地点装设工作接地线的情况，造成现场执行较混乱，为此，可用以下方式进行管理。

（1）多张工作票同一地点装设工作接地线时，工作接地线只装设一副。

（2）多张工作票同一地点装设工作接地线时，装设实施原则及工作票备注栏的填写要求如下。

1）第一张工作票需要装设工作接地线时，按照相关要求装设接地线，并在对应工作票的备注栏中注明，具体格式为：

×月×日××时××分，××号接地线装设于××××（具体地点），工作负责人及运维人员双方签字。

2）后续几张工作票需要同一地点装设工作接地线时，不再实际装设，只需在工作票的备注栏中注明，具体格式为：

要求装设于××××（具体地点）××号接地线已在工作票编号（第一张工作票的编号）工作票中实施，工作负责人及运维人员双方签字。

（3）多张工作票同一地点装设工作接地线时，拆除实施原则及工作票备注栏的填写要求如下。

1）其中一张工作票结束时，由于其他工作票要求，此工作接地线需要保留，只需在需要结束的工作票的备注栏中注明，具体格式为：

装设于××××（具体地点）××号工作接地线因工作票编号工作票工作未结束，需要继续保留，工作负责人及运维人员双方签字。

2）一张工作票结束时，其他工作票已结束，工作接地线无需保留可拆除，按照相关要求拆除接地线，并在对应工作票的备注栏中注明，具体格式为：

×月×日××时××分，装设于××××（具体地点）××号接地线已拆除，工作负责人及运维人员双方签字。

（4）因装设工作接地线的数量较多，可以单独附页。对于工作票已经知晓的工作接地线装设地点的，可以提前准备好电子版，只需在实施时填写时间、编号及双方签名。

三、GIS 设备配合检修解锁要求

针对 GIS 设备在检修、试验过程中需要进行解锁的情况，考虑 GIS 汇控柜内解锁切换开关为该柜内全部设备解锁的特殊性，做如下相关规定。

（1）检修解锁工作时，为进一步提高检修人员和现场运维人员配合的效率，检修人员应合理安排需解锁设备检修、试验工作，控制解锁时间，并严格落实对现场参与检修工作所有人员的安全教育，切实防范解锁过程中安全风险。工作过程中，工作票签发人或工作负责人应根据现场安全条件、施工范围、工作需要等具体情况增设专责监护人。

（2）为切实加强检修过程中，作为安全措施闸刀的安全管控工作，GIS 设备各隔离闸刀电动机电源必须一对一独立设置。同时，可研究闸刀操作开关（按钮）加装防误罩等强制措施。

第五章 防误装置日常维护及典型异常处理

第一节 防误装置日常维护的有关规定

（1）防误装置日常运行时应保持良好的状态，防误闭锁装置不得随意退出运行。停用防误闭锁装置应经设备运维管理单位批准；短时间退出防误闭锁装置应经变电运维班（站）长或发电厂当班值长批准，并应按程序尽快投入运行。

（2）防误装置管理应纳入现场专用运行规程，明确技术要求、使用方法、定期检查、维护检修和巡视等内容。运维和检修单位（部门）应做好防误装置的基础管理工作，建立健全防误装置的基础资料、台账和图纸，做好防误装置的管理与统计分析，及时解决防误装置出现的问题。

（3）防误装置日常运行时应保持良好的状态；运行巡视及缺陷管理应等同主设备管理；每年春季、秋季检修预试前，应对防误装置进行普查，保证防误装置正常运行。

（4）防误装置检修维护工作应有明确分工和专人负责；检修项目与主设备检修项目协调配合，一次设备检修时应同时对相应防误装置进行检查维护，检修验收时应对照防误规则表对防误闭锁情况进行传动检验。

（5）应定期对防误装置进行状态评价，确定大修、维护和技术改造方案。

（6）在防误装置生命周期内，应结合电池、主机等关键部件的使用寿命，做好更换工作，以保证防误装置正常运行。对运行超年限、不满足反措要求或缺陷频繁发生的防误装置应进行升级或更换。

（7）高压电气设备的防误闭锁装置因缺陷不能及时消除，防误功能暂时不能恢复时，可以通过加挂机械锁作为临时措施；此时机械锁的钥匙也应纳入防误解锁管理，禁止随意取用。

第二节　防误闭锁装置维护检查项目及标准

一、机械闭锁

（1）检查机械防误挡板，确保连杆位置正确，闭锁可靠。

（2）检查开关连动凸块，确保位置正确，闭锁可靠。

（3）检查闸刀半圆板与接地螺栓，确保位置正确，闭锁可靠。

（4）检查接地桩头，并除锈、上油。

二、电磁闭锁

（1）确保电磁锁试验动作正确（上下运动的闸刀仅电磁锁销，作为定位的不得试验）。

（2）确保电磁锁销位置正确，动作到位。

（3）确保电磁锁电源正常。

（4）检查电磁锁外观，确保正常，无破损。

三、带电显示装置

（1）按下试验按钮，确保全部指示灯亮。

（2）确保运行状态下指示正确。

（3）检查外观，确保正常无破损。

（4）确保电源正常。

四、微机闭锁

微机防误装置维护要求见表 5-1。

五、智能解锁装置

智能解锁装置维护要求见表 5-2。

表 5-1 微机防误装置维护要求

检查项目	检查标准
"五防"主机	1. 检查"五防"主机系统正常运行； 2. 检查"五防"主机与自动化系统、模拟屏的通信正常
防误闭锁软件系统	1. 检查防误闭锁软件正常运行； 2. 主机防误闭锁软件中"五防"布置图的一次接线、名称、编号与站内现场情况一致，"五防"布置图中各元件名称正确，编码锁、接地桩设置位置正确； 3. 锁具的编码与防误闭锁软件系统中的设置一致； 4. 软件逻辑库和数据库进行备份； 5. 检查"主机与其他装置的通信中断""图形与一次设备位置不对应"等发信正确
模拟屏	1. 检查模拟屏正常运行； 2. 保持模拟屏盘面整洁，模拟屏"五防"布置图的一次接线、名称、编号与站内现场情况一致，且各元件名称正确，编码锁、接地桩设置位置正确，一次接线图布置合理，模拟元件操作灵活、分合位指示正确、对位方便； 3. 在模拟屏上进行模拟测试，要求模拟正确操作的测试操作过程顺利通过，各设备操作时显示的名称、编号与站内当前情况一致，任务下传电脑钥匙正常，模拟操作设备位置指示灯正确变位，屏上操作模拟元件与液晶显示设备元件一致，模拟错误的操作时，能正确闭锁，并有光、声音或语音报警； 4. 检查模拟屏与变电站自动化系统通信应正常，屏内设备（包括断路器、隔离开关、接地开关、接地桩、接地线）位置与站内设备实时位置一致，设备位置状态指示灯显示正常
电脑钥匙	1. 钥匙外壳结实、屏幕文字、符号显示清晰、正确，语音提示正确、清楚； 2. 钥匙与主机通信良好、内容正确； 3. 开锁时，钥匙开锁机构灵活、无卡阻现象； 4. 未按步骤操作应可靠闭锁并发报警信号
解锁工具	解锁工具齐全，封条无损毁
机械编码锁	1. 编码锁应具备标签，标签编号应清晰，编号与闭锁设备对应，编码位置无异物阻挡，无破损； 2. 利用电脑钥匙的编码检查功能对全站所有编码锁进行核对，编码锁的编码应与设备一一对应，锁具与电脑钥匙匹配良好，全部锁具编码验证唯一、正确； 3. 检查机械编码锁材质优良、防腐防锈，防异物开启，固定锁机构可靠，调节对位方便，锁栓能承受设备正常操作时的机械强度，能可靠闭锁设备的操作，正常操作时应能操作灵活、无卡涩； 4. 电气编码锁、验电编码锁正确串接在电气回路，电气编码锁固定牢固，电气接线连接牢固，编码位置无异物阻挡、无破损
锁具配套附件	1. 附件安装坚固、焊接牢固，与编码锁配合能承受设备正常操作时的机械强度； 2. 附件部件无变形，正常操作时开启关闭灵活，不妨碍编码锁的装设或取下

续表

检查项目	检查标准
接地桩	1. 接地桩应焊接于接地极上，焊接牢固可靠，不直接焊接在构架钢筋或设备外壳上； 2. 接地桩位置能保证接地操作方便，正常操作时不妨碍编码锁的装设或取下； 3. 接地桩应贴有铝制的桩编码标签，标签标识清晰，与锁具标识配合一致

表 5-2　　　　　　　　　　　　　**智能解锁装置维护要求**

检查项目	检查标准
检查主机是否投入运行	主机正常开机，LCD 显示正常，钥匙箱闭锁投入
检查主机通信情况	1. 主机内置软件正常工作； 2. 主机与云服务器、手机 App 通信正常，报文收发正常； 3. 能正常发送解锁申请短信命令，手机 App 操作正常
检查主机接于不间断电源及备用电池运行情况	1. 接入不间断电源，电源运行正常，断开其交流电源后，主机工作正常，主机上的任务不能消失； 2. 检查主机备用电池充电正常
查看主机解锁操作记录	1. 查看主机解锁操作记录是否齐全，导出操作记录； 2. 查看上传辅控平台记录是否正常
检查箱内各解锁工具闭锁情况	箱内各解锁工具正常可靠闭锁，钥匙工具齐全
检查主机解锁情况	1. 使用各授权方式（短信授权、App 授权、密码授权都正常使用）都必须能正常申请并解锁钥匙； 2. 申请解锁的钥匙必须和解锁的钥匙一致
主机内账户权限（操作、审批人员授权名单）维护	1. 主机内账户权限维护，检查申请人员、批准人员是否符合要求，根据现场要求及时更新操作人员授权名单或对应权限维护； 2. 权限配置情况由厂家人员核对，人员调整由防误专责及时调整（由厂家编制操作手册）
主机与辅控平台对接测试	1. 在辅控平台上检查智能防误解锁钥匙箱是否通信正常，功能是否正常； 2. 区域内用户应可实施监视各安装箱体与华云平台的通信情况

续表

检查项目	检查标准
主机数据备份及程序升级	专用U盘备份，以班组为单位，集中好后放入专用内网保存，备份文件注明备份版本修改日期及备份日期（一式两份，一份存放班组主站，另一份由维护单位保存）
钥匙箱门及按键情况	钥匙箱门开关灵活，按键正常
钥匙箱内照明及语音功能	照明及语音功能正常
检查钥匙箱固定情况	不能有松动情况出现，如有必须现场进行加固处理
检查钥匙箱内卡扣是否有变形、脱落等情况	有变形及脱落的现场更换处理

第三节 防误装置的典型异常处理

一、电脑钥匙常见故障处理

（一）使用电脑钥匙时的注意事项

（1）当电脑钥匙不用时，要把电脑钥匙放在充电座上，不要随处放置。

（2）电脑钥匙不要长期放置在特别潮湿的地方，以延长电脑钥匙的使用寿命。

（3）电脑钥匙为机、光、电一体化产品，内部结构复杂，若非厂方授权，切勿自行打开，以免损坏内部元器件。

（4）电脑钥匙用于传输数据的收发窗口要保持清洁，否则会影响电脑钥匙的数据传输性能。

（二）电脑钥匙的常见故障及处理

1. 自学故障

（1）故障现象：电脑钥匙不能自学或自学有故障。

（2）原因分析：①电池电压不足；②未按正确自学程序操作；③主控设备传输口损坏。

（3）处理措施：①给电脑钥匙充电；②按正确自学程序进行操作；③更换

主控设备传输口。

2. 开锁程序故障

(1) 故障现象：机械锁打开但开锁程序不能继续进行。

(2) 原因分析：①电脑钥匙内部 IrDA 器件损坏；②解锁杆位置偏移。

(3) 处理措施：①将钥匙寄回公司维修；②重新调整水平位置或寄回公司更换。

3. 接收操作票故障

(1) 故障现象：电脑钥匙不能接收从传输口传出的操作票。

(2) 原因分析：①电脑钥匙有票未进入接收票状态；②电脑钥匙内部 IrDA 器件损坏；③红外传输罩被脏物严重堵住；④主控设备传输口损坏。

(3) 处理措施：①将电脑钥匙清票，再插入操作票传输口进行接收操作票操作；②将电脑钥匙寄回公司更换；③清理脏物，把红外传输罩清理干净；④更换操作票传输口。

4. 打开机械编码锁故障

(1) 故障现象：电脑钥匙已经显示"编码正确，可以开机械锁"，仍不能打开机械编码锁。

(2) 原因分析：①锁内部机构卡涩；②锁环被其他外部机构挡住；③电池电压不足；④电脑钥匙内部开锁机构失灵；⑤机械编码锁损坏。

(3) 处理措施：①更换机械编码锁；②开锁时，按下开锁按钮后用手抓住锁体轻拉；③操作前保证电脑钥匙充足电；④将电脑钥匙寄回公司更换；⑤更换机械编码锁。

5. 不能拉合断路器故障

(1) 故障现象：操作断路器时，电脑钥匙已显示"电编码锁解锁可以操作"，仍不能拉合断路器。

(2) 原因分析：①电脑钥匙内部继电器损坏；②电池电压不足；③电脑钥匙与电编码锁接触不良。

(3) 处理措施：①电脑钥匙寄回公司更换；②操作前保证电脑钥匙充足电；③清理电编码锁导电极，必要时更换电编码锁。

6. 尚未自学故障

(1) 故障现象：电脑钥匙显示"钥匙尚未自学，不能进行正常操作"。

(2) 原因分析：电脑钥匙在进行正常操作前没有先自学。

（3）处理措施：电脑钥匙进行自学。

7. 电池故障

（1）故障现象：电池在充电座上充满电，结果用非常短的时间就没电了。

（2）原因分析：①充电座损坏；②电池用得时间太长，引起电池老化；③电脑钥匙内电池电量检测回路损坏。

（3）处理措施：①修理或更换新的充电座；②更换电池；③将电脑钥匙寄回公司更换。

8. 充电故障

（1）故障现象：电池长时间充电后仍不能充满电。

（2）原因分析：①电脑钥匙内充电电池老化；②电脑钥匙或充电座出现故障。

（3）处理措施：①更换电池；②将电脑钥匙或充电座寄回公司更换。

二、防误主机常见故障处理

1. 监控后台与"五防"主机状态不对应
（1）故障现象：监控后台与"五防"主机之间设备状态不对应。
（2）原因分析：①对位表不正确，系统与其他系统（监控系统、模拟屏等）通信时通常都会有一个或两个对位表（接收顺序和发送顺序表），该表在通信模块中配置，如果通信程序没有使用对位表，则收发顺序使用的是数据维护工具中定义的顺序；②后台与"五防"主机之间通信中断；③后台主备机数据不同步导致状态不对应。
（3）处理措施：①重新配置对位表，使监控后台和"五防"主机对位表顺序保持一致；②使用管理员权限登录，将不对应的设备状态设置成现场一致的状态后，继续模拟开票操作；③将后台主备机同步后状态恢复正常，重启后台或关闭其中一台异常后台。

2. 通信中断
（1）故障现象：后台与"五防"主机之间通信中断。
（2）原因分析：①监控后台软件未开启"五防"通道；②硬件故障，如计算机串口、网口故障；通信线接触不良等。

（3）处理措施：①开启监控后台软件的"五防"通道；②到现场检查"五防"与后台的硬件，更换硬件设备。

3. 操作票无法传送

（1）故障现象："五防"预演后，防误主机无法将操作票传到钥匙。

（2）原因分析：①电脑钥匙里面存在遗留操作票；②传输适配器与主机通信异常；③电脑钥匙故障。

（3）处理措施：①在电脑钥匙上选择中止回传，先把原先票清除再去传票；②检查设备是否正常运行、串口接线是否正确、软件配置是否正确，如无误，可判断适配器故障，需联系厂家处理；③调换电脑钥匙操作，坏的寄回厂家返修处理。

4. 防误逻辑不满足条件

（1）故障现象：预演中提示防误逻辑不满足条件。

（2）原因分析：①设备状态与现场实际状态不一致，不满足"五防"逻辑判别要求；②防误逻辑编写出错（现场操作顺序有变动）。

（3）处理措施：①检查"五防"电脑与监控后台通信是否正常，若故障，直接人工设置后继续开票；②根据报错内容把提示的内容删除，再看汉字逻辑公式，如需还要更改，可以联系厂家人员更改。

5. 回传无反应

（1）故障现象：电脑钥匙操作完毕后，放回至传输适配器，回传无反应。

（2）原因分析：①回传过程中又重新下发了操作票（同一通道无法同时传输2张票信息）；②电脑钥匙与传输适配器接触不良（两者之间通过红外通信）。

（3）处理措施：①在基本配置下面有个适配器复位功能，点击复位就可以回传；②调整电脑钥匙位置，保持良好接触。

6. 操作突然终止或操作流程无法完成操作说明

（1）故障现象：操作过程中操作突然中止或操作流程无法完成操作说明。

（2）原因分析：①开关遥控操作，电脑钥匙选择远方，后台无法完成遥控操作；②遇到操作需要中止的情况。

（3）处理措施：①在"五防"软件右下角弹框（一般会提示等待监控操

作），选择"回传钥匙"，遥控操作任务回传至电脑钥匙操作，如继续操作，拿着电脑钥匙到现场操作；若取消操作，在电脑钥匙操作界面下选择特殊操作"中止回传"，重新开票继续操作；②在电脑钥匙特殊操作界面下选择中止回传即可。

第六章　新型防误管理装置应用

第一节　新型防误管理装置类型

一、压板在线监测

（一）概述

电网建设规模及智能变电站技术的快速发展，对变电站二次系统的可靠性以及运维人员操作的规范性提出了更高的要求。目前，变电站一次设备的防误操作体系已经较为完善，有成熟的技术手段支撑，但是二次设备普遍缺乏成熟有效的防误技术手段，基本上依靠技术人员的运行经验，在变电站防误系统中，二次设备操作往往以提示项或确认项的形式出现，针对二次设备的投退操作并未进行防误校核，存在防误盲区，致使由于二次设备漏投、漏退、错投、错退而引发的误操作事故频发。基于以上原因，迫切需要设计一种切实可行的二次压板防误系统。

（二）系统组成

二次压板防误系统主要包含硬、软压板智能防误。

1. 硬压板智能防误

硬压板智能防误主要包含压板状态采集控制器、压板状态采集器及压板状态传感器。

（1）压板状态采集控制器与所有压板状态采集器进行通信，集中读取全站压板状态，并上送至智能防误主机。

（2）压板状态采集器实现一面屏柜上压板状态的集中采集，含有电脑钥匙接口，读取电脑钥匙的操作序列，下发操作提示信息给压板状态传感器。压板状态采集器外观如图 6-1 所示。

（3）压板状态传感器包括导轨模块和感应附件，采用非电量感应原理采集压板状态，并可给出操作提示。图 6-2 所示为压板状态传感器安装示意。

图 6-1　压板状态采集器外观

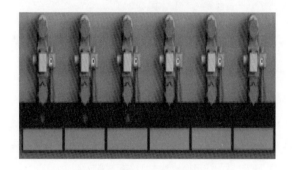

图 6-2　压板状态传感器安装示意

2. 软压板智能防误

软压板智能防误系统没有单独的硬件，是通过监控系统以遥信方式采集的。

（三）系统功能

1. 压板状态实时监视

智能防误主机与压板状态采集控制器通信获取所有硬压板状态，与监控主机通信获取所有软压板状态，在智能防误主机界面以图形化方式实时监视压板的投、退状态，同时根据一次设备的运行方式自动与预设的二次压板投退表进行比对不一致或异常变位时则告警提示。在防误系统与监控系统通信点表中增加软压板状态信号，关联相关防误逻辑，与一次设备相互闭锁，达到二次防误的目的。压板状态如图 6-3 所示。

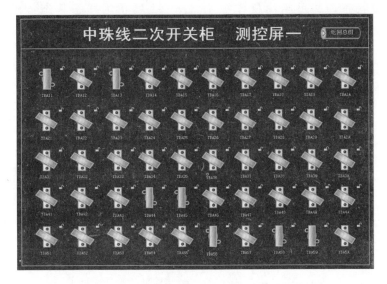

图 6-3　压板状态

2. 压板防误操作

将二次压板防误系统嵌入到智能防误系统中，制订压板与一次设备、压板与压板之间的防误规则，实现相互间的融合和闭锁，达到设备全方位防误。压板的操作通过智能防误系统进行开票、模拟预演，将校核通过的操作序列传输到电脑钥匙。运维人员手持电脑钥匙到现场，将电脑钥匙插入对应的压板状态采集器钥匙接口中，压板状态采集器将根据操作序列逐一点亮需要操作的压板，提示运维人员操作。如果未按提示操作，系统将会进行报警提示。二次防误软件模块对软压板的跟踪执行仅根据操作步骤逐一提示，用户只需在电脑钥匙上确认每一个操作步已执行完成即可，执行过程中系统对于未按操作步骤变位的压板和其他异常压板信息进行告警提示。

二、接地线智能管理

（一）概述

随着变电站安全形势的不断发展，传统"五防"中对于防止"误分合断路器""带负荷拉合隔离开关""带电合接地刀闸""带接地刀闸合隔离开关""误入带电间隔"部分均取到了一定的效果。但在接地线挂拆管理中仍存在技术手段不够完善的现象，与接地线相关的误操作事故时有发生。

为此国家电网公司多次发文强调，如《国网安质部关于印发防误闭锁专项隐患排查情况的通报》（安质一〔2016〕56 号）中"（二）断路器、隔离开关防误隐患：六是临时接地点未进行状态采集，接地线挂接及拆卸未纳入防误闭锁逻辑"；《国网设备部关于切实加强防止变电站电气误操作运维管理工作的通知》（设备变电〔2018〕51 号）中"（二）加强防误操作装置设备管理：固定接地桩应预设并纳入防误闭锁系统。防误操作装置对接地线的挂、拆状态宜实时采集监控，并实施强制性闭锁"；最重要的，《国家电网有限公司关于印发防止电气误操作安全管理规定的通知》（国家电网安监〔2018〕1119 号）中首次明确了"接地线的挂、拆状态宜实时采集监控，并实施强制性闭锁"，对接地线管理的技术要求提出了明确的要求。

总结多年来在电力领域微机防误系统的实施经验，变电站接地线实时监控管理系统应运而生，如图 6-4 所示。

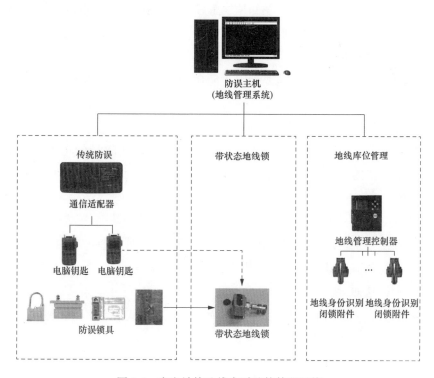

图 6-4　变电站接地线实时监控管理系统

（二）系统组成

1. 地线管理系统

地线管理系统（模块）安装在防误主机上，可与防误软件实现嵌入，主要实现地线库位管理及地线操作流程与防误系统打通。

2. 地线集中显示系统

地线集中显示系统为可选件，安装在电脑主机上，对所管辖站的所有临时接地线状态情况通过同一个软件界面进行实时显示，方便管理人员或运行人员快速获取全站地线的使用状态。

3. 防误电脑钥匙

防误电脑钥匙接收倒闸操作票，包含地线挂接的操作步骤，遇地线挂接时与带状态地线锁配合，获取带状态地线锁输出的地线挂接信息，并反馈至防误系统和地线集中显示系统软件中。

4. 地线管理控制器

地线管理控制器安装在专用地线柜内，当防误倒闸操作票中涉及地线的挂接时，根据接收到防误系统下发的地线解锁指令，执行对应智能闭锁桩的解锁操作，供运行操作人员取用地线至现场操作。

5. 智能闭锁桩

智能闭锁桩安装在专用地线柜内，配合智能地线夹对地线进行一对一强制性闭锁，检测地线在库情况。

6. 智能地线夹

智能地线夹安装在临时接地线上，对临时接地线的身份进行定义，实现对地线库位的强制性闭锁管理，并作为地线挂接身份和实际拆除的技术判断措施。

7. 带状态地线锁

带状态地线锁安装在设备区域现场的临时接地点处，通过专用技术手段输出地线挂接/拆除的状态信息至在线防误用电脑钥匙。

8. 智能地线柜

智能地线柜具备恒温恒湿功能，对地线进行集中式闭锁存储管理。

（三）系统功能

1. 地线库库位管理部分

地线库库位管理部分如图 6-5 所示。

（1）存储管理功能。接地线存储管理是指接地线在智能地线柜中的存储和取用管理，系统通过对接地线进行射频编码和识别，对接地线的存储和取用进行身份识别管理，确保接地线的取用和存放符合线路操作任务的要求，确保接地线能被正确取用和及时存放。用户对接地线的取用采取网络授权和本地 ID 卡两种许可机制，并记录接地线的取用信息形成接地线使用日志。

地线管理控制器

（2）在位监控功能。"五防"主机可实时显示智能地线柜中接地线的放置情况。

地线身份识别闭锁附件　　地线身份识别闭锁附件

1）接地线取出。接地线从智能地线柜取出后，必须按照模拟校验许可的操作序列进行实际操作。任何不符合系统事先设定的操作，系统均予以阻止并警示，用户将无法获得下一步操作许可，以确保使用者按照模拟要求进行拆装和挂接。

图 6-5　地线库库位管理部分

2）接地线现场使用。接地线现场使用和原有系统方式一样，不做改变。

3）归还接地线。要求将接地线使用后放置到指定位置，对于存储位置的错误系统将予以报警提示。

（3）记录、检索、输出功能。具有操作记录统计功能，可以将操作人员信息（姓名、操作权限等）、接地线编号、接地线装设的位置、接地线取用和归还时间等信息都记录下来，为变电站管理提供有效的依据。可记录所有接地线的使用情况，最大记录数可达 2000 条。采用循环覆盖存储模式，有数据掉电记忆功能。使用记录可以查询、检索，并可打印输出。

（4）多样化的地线柜选择。

1）杆线合一柜。杆线合一柜适用于地线本体与操作/挂接杆合为一体、无法拆除的情况，此时可采用通透型地线柜进行统一存储管理，实现强制性闭锁。杆线合一柜（通透型地线柜）如图 6-6 所示。

2）杆线分离柜。杆线分离柜适用于地线本体与操作/挂接杆可拆除的情况，此时可采用杆线分离柜进行统一存储管理，实现强制性闭锁。杆线分离柜如图 6-7 所示。

图 6-6　杆线合一柜　　　　　　　图 6-7　杆线分离柜

2. 带状态地线锁部分

带状态地线锁采用机械编码锁闭锁，使用电脑钥匙进行解锁操作。地线挂接与拆除，锁具均输出对应的信息至电脑钥匙，由电脑钥匙通过技术手段读取地线挂接与拆除信息。

带状态地线锁如图 6-8 所示。该款锁具为无源免维护设计，可实现以下功能：①挂接地线状态技术确认，独家专利的无源一体化地线锁设计，通过技术手段实现地线挂拆状态的实时采集与输出，输出方式可被智能防误钥匙读取，无需搭建或借助站内无线网络即可完成地线状态的实时采集与获取，无通信风险，可靠性高，一次安装无需维护；②挂接地线身份技术确认，通过挂接前对地线上安装的智能地线夹身份的识别，技术手段确认本挂接点具体地线编号，并可由电脑钥匙回传至防误系统，清晰明确的知道具体地线在现场的具体去向和使用信息；③拆除地线

图 6-8　带状态地线锁

身份技术确认，通过将智能地线夹安装在地线挂接端，挂接时身份无法读取，拆除时身份方便读取的设置，明确地线导体端实际拆除的信息，防止地线挂拆走空程。

地线接地端与锁具拆除分离完成后，锁具输出可由电脑钥匙正确识别的拆除信号，通过技术手段确认地线接地端确已拆除。

系统将防误软件一次接线图上分散的接地线、接地开关状态通过软件集中显示，为运行人员提高工作效率，有效保障安全提供技术手段；同时保障交接班过程中信息交互与传递的快速、准确。接地线集中显示系统软件支持集中管理模式，实现巡维中心、供电局对所管辖站地线、接地开关的集中监控，如图 6-9 所示。

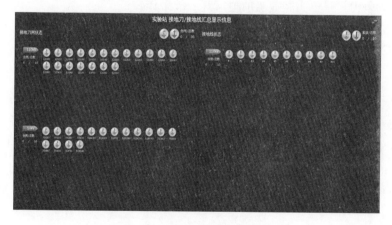

图 6-9　接地线集中显示系统软件

第二节　运检作业全过程一体化防误系统

一、概述

随着新一代变电站和集控站的加快建设，以及运检合一等新型管理模式的深入推进，迫切需要更加综合、更加安全、更为高效的变电站全过程一体化防误系统。传统的变电站防误体系已无法满足新形势下变电站全过程一体化防误要求。主要表现在以下几方面。

（1）各系统间未贯通。变电站内各子系统相对孤立，缺乏各系统之间的流程贯通与数据共享，运维效率低下。

（2）无法满足防误体系新需求。随着集控站、无人值守等运行管理模式的改变，对防止误操作提出了更高的要求。

（3）防误措施不完善。缺乏有效的技术手段解决接地线挂拆状态的采集，检修、二次设备防误措施仍不够完善。

（4）人员管控待提高。人员未经授权可随意进出变电站敏感场所，存在安全隐患，缺乏有效的管控措施。

将先进技术手段及创新理念融入安全生产管理中，降低经营管理成本和作业安全风险，提高运检管理水平、本质安全水平和工作效率及效益，建立自身的核心竞争力，是电力企业当前迫需开展的工作。

二、系统组成

新一代运检作业全过程一体化防误系统如图 6-10 所示，依托人工智能、智慧物联等先进信息技术与通信技术支撑，充分利用物联网的智能感知、信息采集和传输等技术手段，从安全管控全面性、防误管控实效性、业务应用贯通性等方面，面向操作、检修、运维 3 类业务场景，构建业务全面覆盖、逻辑实时校核、状态实时在线、措施融合交互的变电站运检作业全过程一体化防误体系，提高防误管理水平、本质安全水平，保障变电站人身、电网和设备安全。

运检作业全过程一体化防误系统总体架构包括感知层、网络层、平台层、应用层和用户层 5 层结构，以共性技术为支撑、以安全防护技术为保障。

1. 感知层

感知层支撑多类终端接入，向上支持业务应用，可灵活接入多种承载网络，屏蔽底层网络差异，实现终端的"一次采集，处处使用"，实现多种通信协议终端的泛在接入和共享。

感知层主要解决数据的采集问题，感知层数据包括接地线、压板、标识牌、工器具、安全围栏、锁具等。

2. 网络层

网络层主要解决数据的传输问题，实现终端的灵活泛在接入，为海量终端数据的汇聚提供高速、安全、可靠的传输通道。网络层包括各类公共无线网络及电力专网等。

3. 平台层

平台层对终端和网络进行管理，实现存储、计算资源统一配置、数据汇聚，并提供基础服务组件和开放接口，实现采集数据"一次入库，处处应用"，支持不同业务应用的数据共享，支撑业务应用的敏捷响应能力。平台层主要解决数据的管理问题，包括运检作业相关数据，并与生产管理系统等现有数据融合。

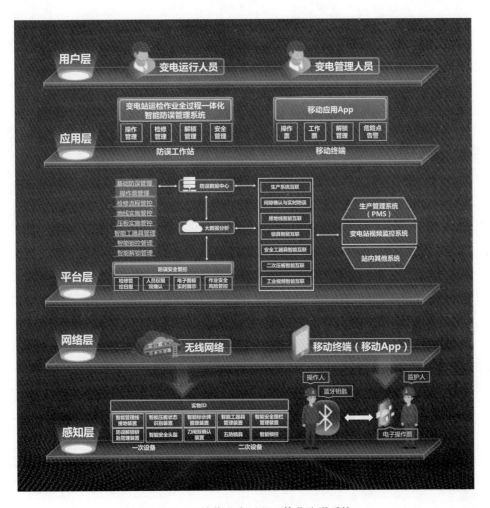

图 6-10　运检作业全过程一体化防误系统

4. 应用层

应用层将海量数据整合应用到操作管理、检修管理等运检全流程。应用层主要解决数据的价值创造问题，包括管控倒闸操作的基本步骤与流程、检修作业标准化管控等。

5. 用户层

用户层对用户进行分级分类管控，实现多类用户的不同权限划分。用户层包括一般变电运维人员、变电管理人员等。用户层主要解决数据的应用问题。

三、系统功能

（一）构建了变电站运检作业全过程一体化技术防误支撑体系

变电站运检作业全过程一体化技术防误支撑体系如图 6-11 所示。根据运检作业（倒闸操作、工作票执行）的"六要"基本条件、"七禁"禁止事项以及"八步"基本步骤，梳理出运检作业全过程的防误全要素，构建形成全过程一体化技术防误支撑手段。

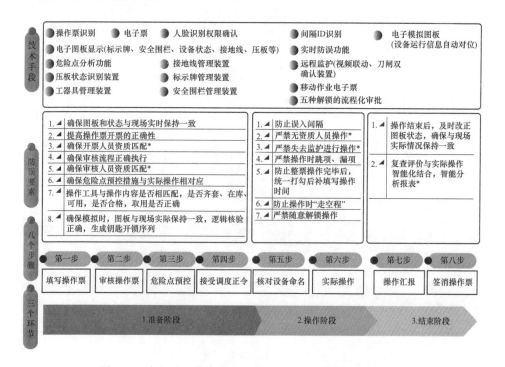

图 6-11　变电站运检作业全过程一体化技术防误支撑体系图

（二）拓展了多种场景下的全环节一体化防误应用

多场景下的全环节一体化防误应用如图 6-12 所示。围绕变电倒闸操作、检修作业、运维作业三大业务方向，针对变电站整体安全防误痛点和存在的问题，将防误理念从一次设备操作（遥控操作、顺控操作、就地操作）防误，拓展到二次设备操作防误、检修作业（一次设备检修、二次设备检修）防误和运维作业（设备巡视、日常运维）防误。

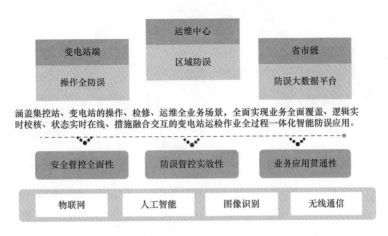

图 6-12　多场景下的全环节一体化防误应用

全面实现业务全面覆盖、逻辑实时校核、状态实时在线、措施融合交互的变电站运检作业全过程一体化智能防误应用。在多样化防误手段的支撑下，满足精益管理与安全管理的要求，拓展多种场景下的防误应用。

具备运维中心区域防误应用能力，并为省市级防误大数据平台提供数据支撑。

（三）统一了防误应用的软硬件平台

防误应用的软硬件平台如图 6-13 所示。系统平台涵盖电子化操作票应用、防误锁控一体化应用、智能接地线管理应用、安全工器具智能化联动应用、智能压板防误应用、智能解锁应用、检修防误隔离管控应用、工业视频联动应用、电子图板应用等业务功能。

1．软件统一

通过将"五防"、检修、锁控、地线、解锁、压板等防误业务进行整合，在一个软件平台上实现各业务板块之间链接和协同。

2. 硬件统一

基于智能锁技术统一全站锁具接口，电脑钥匙对所有锁具的控制及操作接口统一，基于业务操作实现管理应用功能。

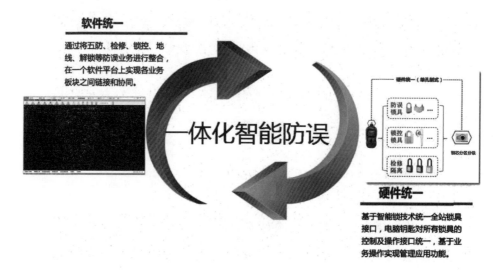

图 6-13　防误应用的软硬件平台

（四）实现了倒闸操作"逐项监护"的强制化管控

倒闸操作"逐项监护"的强制化管控如图 6-14 所示。数字化操作票结合智能移动作业终端，促使倒闸操作过程实现智能化、电子化及可控化。

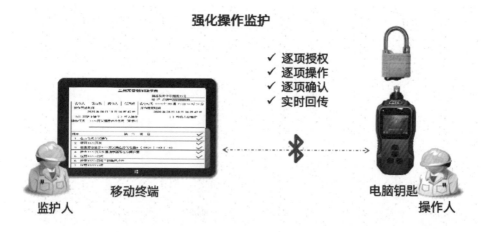

图 6-14　倒闸操作"逐项监护"的强制化管控图

1. 安全管控

未经审核的电子票无法执行，不符合电子票当前指令对象及顺序的操作无法执行，确保票的正确执行；实施流程强制闭锁，执行过程的实时在线、强化监护、逐项授权、逐项操作、逐项确认，有效防止误操作发生。

2. 人员减负

操作流程实行无纸化流转，减轻现场工作人员的工作量；通过技术手段，提升开票、审票效率；与"e匙通"锁控、安全工器具系统贯通，加强工作的连贯性；信息进行无感存储，现场操作记录数据真实且全面，方便查询与统计。

（五）完善了多种应用的智能化防误终端

运检作业全过程一体化防误系统完善了多种应用的智能化防误终端，确保技术防误与作业流程节点无缝对接。研制了多种防误应用功能的智能化感知和控制终端，实现信息可靠感知、采集和传输，确保技术防误与作业流程节点无缝对接。

智能终端包含有智能一体化锁、智能电脑钥匙、智能电子化操作票移动终端、智能接地线管理装置、智能压板装置、智能防误解锁终端、电子图板终端、智能安全工器具管理、工业视频联动终端等。

1. 接地线智能管理

接地线智能管理实现了接地线的存储管理、取用受控、状态实时采集、挂拆防"走空"以及全生命周期管理、去向可视化展示等功能，与防误系统的互联通信，将操作防误逻辑纳入到接地线管理，实现操作防误逻辑自动判断并对非法操作进行提醒告警，实现接地线的智能化、信息化管理。

2. 智能压板状态采集装置

智能压板状态采集装置实现了压板状态实时采集、监测核对、操作提醒、非法操作告警等功能，实现二次压板智能化管理。

3. 智能防误解锁终端

智能防误解锁终端是在现有防误解锁钥匙管理装置的基础上进行功能的改进升级，实现智能解锁系统高级应用功能，提升防误解锁钥匙的智能化、集约化管理功能。按照"五通"要求，对照操作中装置故障解锁、操作中非装置故障解锁、运行维护解锁、配合检修解锁和紧急（事故）解锁相关规范和流程，实现了根据解锁类型、工作范围和解锁点自动批量生成解锁任务、移动终端扫码申请、移动授权、可视化展示和非法操作告警等高级功能，实现解锁操作的指量化、智能化管理，提高解锁智能管控水平。

4. 智能安全工器具管理

基于物联网技术，利用RFID电子标签对安全工器具取用、归还自动识别，进而实现安全工器具登记、取用、归还、送检、报废等全生命周期的自动化管理，杜绝不规范操作，加强了对安全工器具的安全管理，规范电力生产安全措施，提高电力生产安全保障，预防和防范安全事故的发生。

5. 电子图板终端

电子图板终端实时展示设备的运行状态、管控日报、接地线去向等信息。可替代传统一次接线图模拟屏。

相较一次接线图模拟屏，电子图板终端具备设备运行状态实时显示、历史运行状态追忆、语音播报、管控日报显示、接地线去向展示等优势功能。

6. 工业视频联动监视终端

工业视频联动监视终端与站内工业视频系统通信，在模拟预演和操作执行时，实时联动现场视频监控摄像头，实时查看设备状态及相关现场状况，拓展防误安全管控手段。

（六）融合互联了各防误终端

运检作业全过程一体化防误系统融合互联了各防误终端，实现一体化业务协同控制。运检作业全过程一体化智能防误管控如图6-15所示。

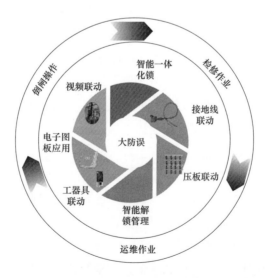

图 6-15 运检作业全过程一体化智能防误管控

（1）基于防误系统装置互联和控制技术，实现倒闸操作、检修作业、运维作业全过程一体化智能防误管控，对各环节子系统的安全管理、互联互通与交互控制。

（2）将微机防误系统、智能锁控系统、地线管理系统、智能压板管理系统、安全工器具智能管理等系统进行融合互联，分为操作管理、检修管理、解锁管理和安全管理等模块，实现变电站防误的智能、集约和统一管理，实现变电站运检作业全过程一体化智能防误管理。

第七章 典型事故案例分析

第一节 误分、合断路器案例分析

【案例 7-1】 220kV××变电站因试验人员走错断路器间隔导致误拉断路器误操作事故

【事故经过】

2004 年 9 月 25—26 日，220kV××变电站 1 号主变压器停电综合检修，对主变压器本体及三侧间隔设备进行预试、定检等工作。26 日下午，试验人员（工作负责人为高试班班长邢××，成员共 6 人）对 1 号主变压器中压侧 101 间隔设备（断路器、互感器）进行试验，高压试验专责李××也在现场参与工作。因试验项目包括断路器的机械特性、接触电阻等，退出变压器中压侧 101 断路器操作电源。该处试验结束后，邢××带 2 人到另一地方。李××与其他工作人员带着试验仪器撤离该处，在走到高压室附近时，李××想起刚才 101 断路器作接触电阻试验后，断路器还未恢复为分闸状态，便往回走，并一边打电话告诉试验班班长断路器还在合闸位置，试验班班长邢××说可以叫运行人员把断路器切开，李××说由他到现场把断路器跳开（邢××表示由于其所处位置较为嘈杂，听不太清楚）。在边说边走中，李××来到 110kV 揭渔线 132 间隔端子箱位置，由于打电话注意力不集中，且揭渔线右边为一在建新间隔（当天没有施工），四周设有围栏，李××见到围栏后以为已走到变压器中压侧 101 间隔位置（变压器中压侧间隔在新间隔的右边），没有核对设备名称，便打开揭渔线断路器机构箱，将断路器切换断路器由"远方"切换至"当地位置"，然后切开断路器（时间为 15 时），就在断路器动作瞬间，李××突然意识到不对，因为变压器中压侧 101 断路器已退出操作电源，应无法操作，立即将断路

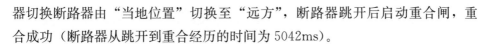

器切换断路器由"当地位置"切换至"远方"，断路器跳开后启动重合闸，重合成功（断路器从跳开到重合经历的时间为 5042ms）。

【原因分析】

（1）李××发觉断路器未分闸后，单独返回原工作现场，同时边打电话边工作，注意力分散，导致走错间隔，又由于工作失去监护，以至错误得不到及时纠正，这是造成事故的主要原因。

（2）班长邢××作为工作负责人，未严格履行工作负责人的责任，工作中考虑不周，在断路器试验后没有及时恢复其原来状态，这是事故发生的另一个原因。

（3）由于停电时间紧，工作过程较为紧张，客观上造成人员较为疲劳（前一天晚上工作到 23 时），在工作上容易精神不集中，易于发生事故。

【暴露问题】

（1）现场工作人员安全意识差，违反工作监护制度。

（2）暴露出当地电网结构薄弱，供电可靠性差的问题。为缩短停电时间，减少重复停电次数，停电检修时往往多班组同时工作，不利于现场工作的监护。

（3）暴露出单位对预试、定检等工作计划未认真审核，导致作业过于集中，人员容易疲劳的问题。

【防范措施】

（1）吸取本次事故的教训，迅速开展一次与"违章、麻痹、不负责任"三大敌人作斗争的专项整治，严厉查处各种违章行为。

（2）检修公司停工整顿，重新学习新的两票规范，提高自身安全技能和意识。

（3）严格执行工作监护制度，严禁在失去监护的情况下单独从事电力修试、操作工作。

（4）禁止在电力生产过程（特别是高处作业、倒闸操作等高风险工作）中边打（接）电话边工作，避免因精神不集中引发事故。

（5）对预试、定检等工作计划重新审核，更加合理安排计划，避免工作过于集中，人员容易疲劳。

（6）按公司奖惩实施细则的规定对事故有关人员进行处罚。

【案例 7-2】 220kV A 变电站运行人员误操作断开 110kV 四黄线断路器事故

【事故经过】

2005 年 9 月 15 日 9 时 7 分，220kV A 变电站当值值班长陈××接调度令"断开 110kV 四旺线 113 号断路器"，并复诵"断开 110kV 四旺线 113 号断路器"无误，在运行记录草稿写上"四黄 113"字样。由于单一操作，值班长陈××没有打印操作票。值班长陈××同副值班长黄××在"五防"模拟屏进行"断开 110kV 四黄线 110 号断路器"的模拟操作后，取出"五防"电脑钥匙，两人来到 110kV 四黄线 110 断路器测控 I 屏间隔。9 时 8 分，由值班长陈××监护、副值班长黄××操作断开 1l0kV 四黄线 110 号断路器；同时，110kV B 变电站 110kV 备自投装置动作，切开 B 站 110kV 四黄线断路器，合上 110kV 四黄线断路器。

【原因分析】

（1）该项操作监护人对现场设备名称及其相应的编号不熟，违反倒闸操作有关要求，接调度指令后没有认真做好指令记录并核对现场设备的名称、编号，凭记忆给操作人员下达操作任务，致使在微机"五防"模拟屏预演时将调度令"断开 110kV 四旺线 113 号断路器"错误预演为"断开 110kV 四黄线 110 号断路器"。这是事故的发生的主要原因。

（2）该项操作的操作人对监护人凭记忆下达操作任务违章行为没有及时指正，没有起到相互监督的作用，致使与调度指令不符的"断开 110kV 四黄线 110 号断路器"的错误操作没有得到及时发现和制止。这是事故发生的次要原因。

（3）调度人员下达操作任务时使用方言，"四黄"同"四旺"发音相似，造成监护人记忆错误。这也是事故发生的原因之一。

【暴露问题】

班组培训工作不力，值班人员的责任心不强、安全意识不牢，规程、制度没能严格得到执行。

【防范措施】

（1）加强班组管理，努力提高班组人员的综合素质，做到爱岗敬业。

（2）加强反违章力度，可成立有关的机动监督小组，不定时对运行人员的

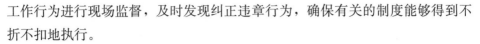

工作行为进行现场监督，及时发现纠正违章行为，确保有关的制度能够得到不折不扣地执行。

（3）规范调度用语，确保调度命令准确、无误，确保不会被接令人员误解，对设备命名时应避免名称发音相似的情况。

【案例7-3】 110kV 2 号主变压器"9·19"漏合断路器导致失压事故

【事故经过】

2003 年 9 月 19 日，110kV A 变电站事故前运行方式：林北五 103、母联 100 断路器合上，五尧五 104 断路器断开，1、2 号主变压器分别带 10kV Ⅱ、Ⅰ 段母线负荷，站用电由接在 10kV Ⅰ 段母线上的 2 号主变压器供电。7 时 40 分，值班调度员向巡检班监控值班员下达操作命令：①合上 B 变电站五尧五 103 断路器，断开母联 100 断路器；②合上 B 变电站五尧五 104 断路器，断开母联 100 新路器；③合上 C 变电站沙津 104 断路器，断开母联 100 断路器；④合上 D 变电站沙南 104 断路器，断开母联 100 断路器。

7 时 43 分，监控中心值班员梁×× 开始执行调度命令，在发出断开 B 变电站母联 100 断路器的遥控命令后，发现该站的厂站工况退出，监控中心对 A 变电站失去"四遥"功能。8 时 29 分，巡检人员进站，检查母联 100 断路器在断开位置，站内无任何保护动作信号，后台机失压。8 时 32 分，合上五尧五 104 断路器，2 号主变压器恢复送电，运行正常。继电人员进站进行检查发现 100 断路器保护跳闸继电器（T）脚 7 与脚 1 之间电阻为 40Ω 左右，使用 500V 绝缘电阻表对其进行绝缘试验，为 0MΩ，已击穿。更换该出口板后故障消除。

【原因分析】

（1）监控人员在没有监护人的情况下单人进行操作，断开 110kV 母联 100 断路器之前，未合上五尧五 104 断路器。

（2）监控用 UPS 损坏，全站停电后，失去"四遥"功能。

（3）五里亭母联 100 断路器保护装置出口板有故障。

【暴露问题】

（1）监控人员没有严格执行操作监护制度，在没有监护人的情况下单人进行操作，习惯性违章。

（2）对断路器的单一操作，特别是对相关联的有顺序关系的断路器操作考虑不全面，没有做出有关规定。

【防范措施】

（1）在 A 变电站综合自动化系统未改造前，加强对回路绝缘的检查。

（2）工况退出及后台机失电主要原因为：UPS 投运时间较长，容量不足，供电所变压器失压后无法为后台机供电，影响事故判断及处理。要求对无人值守变电站监控用的 UPS 定期进行失压容量检查。

（3）调查具有监控系统的变电站的操作密码情况，对其中能够单人遥控操作的变电站每人设置不能相互告知的个人密码，杜绝单人进行遥控操作的现象。

（4）相关联的有顺序关系的两个及以上断路器的操作必须填写操作票。

第二节　带负荷分、合隔离开关案例分析

【案例 7-4】　××局 66kV××变电站带负荷拉隔离开关误操作事故

【事故经过】

9 月 27 日，××局××变电站 60kV 及 10kV 系统部分停电秋检，由 10kV 四郊联线从×××变电站向××变电站供电到该口乙、丙隔离开关，带户外所用变压器作为检修用电源，其余 10kV 设备全停。

计划停电检修时间为 8 时至 16 时。13 时检修工作结束，运行开始送电操作。李××为操作人，王××为监护人，变电站站长刘××也协助操作。

13 时 15 分，在恢复 10kV 系统送电操作中未执行"四对照"，站长刘××使用解锁钥匙依次打开旁路的甲、丙隔离开关，四郊联线的甲、丙隔离开关，市干线的甲、丙隔离开关和西大营子线甲、丙隔离开关的防误锁（实际上是把四郊联线、市干线、西大营子线的丙隔离开关误当乙隔离开关）。操作人和监护人未核对设备名称，也依次合上旁路、四郊联线、市干线、西大营子线的甲、丙隔离开关。因四郊联线带电运行，故形成了由四郊联线通过该口的丙隔离开关，经旁路母线向市干线、西大营子线供电的运行方式。当合上市干线丙隔离开关时，发现有火花，但未引起重视，认为是静电感应。13 时 19 分，继续合上西大营子线丙隔离开关，又发现有较大火花，方引起疑问。工区主任

徐××说"不对、停！"，操作人李××问站长刘××"拉不拉？"，刘××说"拉开"，操作人随即盲目把西大营子线丙隔离开关拉开，造成带负荷拉隔离开关，发生弧光短路，四郊联线四新变电站侧断路器跳闸，重合成功，构成非考核事故。

【原因分析】

（1）不认真执行监护制和"四对照"，是造成这次误操作事故的主要原因。监护人王××只执行唱票和划"√"，不认真监视操作人是否按指令操作相应隔离开关，失去了监护作用。操作人李××不认真核对设备位置、名称和编号，只盲从地将站长错误打开了防误锁的隔离开关合上，对自己的行动极不负责，同时也反映出这些同志平时对本站设备不熟悉的问题。

（2）随意使用解锁钥匙，违反解锁钥匙使用规定，是造成这次误操作事故的重要原因。站长刘××带头违反解锁钥匙使用制度，在全站非全部停电的情况下，擅自用解锁钥匙打开防误锁，又不认真核对设备名称，给操作人造成了误操作的客观条件，而且违反了倒闸操作必须两人进行的规定。

（3）监护人王××、操作人李××、站长刘××安全思想麻痹，是造成误操作的思想根源。监护人王××没有认识到监护人的重要作用，觉得站长开的防误锁，又有领导等几个人跟着操作，不会出问题，放松了自己的监护责任；操作人李××认为站长开的锁没有错，只是机械地执行命令；站长刘××认为全站停了电（其实是部分停电），怎么操作也没事，因而用解锁钥匙稀里糊涂地开隔离开关的防误锁。充分反映出这些同志平时安全思想不牢，所以行动上也不负责任。

（4）不认真执行《电业安全工作规程（发电厂和变电所电气部分）》（DL 408—1991）（以下简称《安规》）中的有关规定，是造成这次事故的原因之一，《安规》规定，在操作中即使发生很小的疑问，也必须停止操作，待弄清楚后再操作。这次操作已发现火花，并产生疑问，但没有弄清状况，站长就盲目下令把已合上的隔离开关拉开，结果造成带负荷拉隔离开关。

【暴露问题】

（1）变电工区对"安全第一"的方针没有认真贯彻落实。运行管理存在漏洞，人员安全思想、劳动纪律、执行规章制度松懈。

（2）人员素质低。主要表现在：对设备不熟悉，把丙隔离开关当成乙隔离

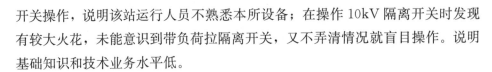

开关操作，说明该站运行人员不熟悉本所设备；在操作 10kV 隔离开关时发现有较大火花，未能意识到带负荷拉隔离开关，又不弄清情况就盲目操作。说明基础知识和技术业务水平低。

【防范措施】

（1）严格执行"两票"制度，认真贯彻执行监护制度，认真执行审票、预演、唱票和"四对照"制度。要认真贯彻执行监护制度，要尽职尽责地对作业人员和操作人员进行监护。

（2）严格解锁钥匙使用制度。各单位必须重新检查解锁钥匙保管情况，解锁钥匙必须放在专用箱内加锁加封，非紧急事故处理不得使用。

（3）严格把关制度。大型复杂作业时，要求领导人员、有关科室人员和安全员下现场把安全质量关。对涉及安全、质量的关键部位、关键环节，必须严格把关。下现场人员必须明确下现场的目的和责任，要尽职尽责地把关，不能做样子。

（4）清理操作环境。倒闸操作，需要使操作人保持清醒的头脑，需要有一个适合操作人不分神的操作环境。过去的倒闸操作存在一种弊端，就是一帮人跟在操作人的后面，严重影响正常操作，并使操作人精神紧张。为此要求，今后大型复杂操作，除安监人员（或生技人员）、单位领导外，不准其他人员跟随，并退出现场，要给操作人员创造一个良好的操作环境。

【案例 7-5】　××局 66kV××变电站带负荷拉隔离开关误操作事故

【事故经过】

3 月 3 日 10 时 10 分，××变电站根据地调指令进行 10kV "侧路 3534 断路器带晖甩 3431 断路器，晖甩 3431 断路器由运行转检修" 的操作。值班长金××为这次操作的监护人，值班员姜××为操作人。经模拟预演后即进入实际操作。当进行操作票的第二项（合上侧路 3534 甲隔离开关）时，由于所用的钥匙未能解开防误锁（程序锁），第二项操作便未进行。当时是怀疑钥匙不对，便解开乙隔离开关防误锁（程序锁），没按操作票的顺序而跳项执行第四项操作（合上侧路 3534 乙隔离开关）。操作票第四、五项完成后，返回来再进行第二项操作时，仍然解不开防误锁。监护人金××便决定让操作人姜××去取解锁钥匙。姜××离开后，金××等待中无意走动到相邻的团结线开关柜前。姜

××取来解锁钥匙时，金××就站在团结线开关柜前，两人都没有发觉已经站错了位置。姜××把解锁钥匙插到团结线开关柜的甲隔离开关防误锁上，由于机械卡涩，解锁不成。此时，监护人金××将操作票随手放到窗台上，亲自解锁。

10时19分，防误锁用解锁钥匙解开，监护人金××将运行中的团结线甲隔离开关拉开，随着一声巨响，造成三相弧光短路。

【原因分析】

在操作过程中，操作人和监护人不按操作票的操作顺序进行，跳项操作，根本没有"四对照"（对照设备名称、编号、位置和拉合方向）的意识，监护人将操作票随手放到窗台上，失去操作票的控制和监护人的监督。监护人的渎职行为是导致这次事故的直接原因。

【暴露问题】

（1）安全意识不强，安全生产岗位责任制不落实。

（2）不执行防误装置管理规定，随便使用万能钥匙。防误装置的使用必须按照使用程序进行，同时要经常维护，以保证防误装置的机械性能良好。变电站的防误装置在日常工作中，维护、使用不当，操作中运行人员解锁困难，以致使用万能钥匙，使防误装置失去防误能力。

（3）操作票管理不严，填写不认真。操作票上变电站名称，年、月、日，下令时间，调度指令号，下令人，受令人，操作时间等栏目都没有填写。

（4）职工岗位培训不够，技术素质差。操作中由于防误锁解不开，使用万能钥匙解锁后，操作人和监护人对操作任务都没有明确的概念，操作票上没有拉开隔离开关的任务，而他们盲目拉开团结线甲隔离开关，说明在接受任务和模拟预演中，没有认真对待操作任务。

【防范措施】

（1）加强岗位技术培训，提高人员素质。无论是运行人员或检修人员，在进入工作现场前，都要明确自己的工作任务和内容。运行人员进行模拟预演时，不能走过场，要认真对待，使操作任务在头脑中真正地留下烙印，在操作过程中严格执行操作票。

（2）严肃对待防误装置，不得随意使用万能钥匙。加强对防误装置的日常维护工作，保证防误装置机械性能的良好。对损坏的防误装置要及时修复或更换，使用中要按装置要求有程序地认真解锁，万能钥匙要有明确的使用条件和管理办法。

【案例7-6】 110kV A 变电站"4·30"带负荷拉隔离开关恶性误操作事故

【事故经过】

事故前，110kV A 变电站 1、2 号主变压器正常运行，1 号主变压器带 10kV 母线，2 号主变压器带 35kV 母线，1 号主变压器带负荷 13.2MW，2 号主变压器带负荷 12.04MW，35kV 文坡线负荷 2.18MW，35kV 文坡线断路器存在没有合闸线圈运行的缺陷，并在 2005 年 4 月 27 日出现过拒动并导致主变压器越级跳闸事故。

2006 年 4 月 30 日 10 时 30 分，代维护单位人员向 A 站交来第一种工作票，工作任务为检查 35kV 文坡线跳闸回路，在已核定该断路器 4 月 27 日线路故障拒动是断路器机构问题的基础上，对该断路器进行测试、调试，防止再拒动。10 时 44 分，A 站开始执行 35kV 文坡线由运行转冷备用的操作任务，监护人为李××（值班负责人），操作人为王××（注：王××4 月 28 日刚从 110kV B 站调入 A 站工作）。当在中控室保护测控屏上执行第 1 项操作"断开 35kV 文坡线断路器 3552"时，发现合闸指示红灯灭，并听到户外断路器传来动作的声音，但分闸指示绿灯没有亮，监护人李××当时向维护单位符××提出疑问，符××回答"由于 3552 号断路器跳闸线圈烧损，没有备品，为了送电，4 月 28 日临时把合闸线圈拆除改为跳闸线圈，所以绿灯没有亮"。之后，李××、王××没有立即检查 3552 号断路器测控保护屏单元有没有负荷。10 时 46 分，两人到户外后，也没有按操作票项目检查 3552 号断路器现场指示是否在分闸位置，径直来到 35kV 文坡线线路侧 35526 号隔离开关旁，操作拉开了该隔离开关，造成带负荷拉隔离开关，瞬间产生强烈电弧，35526 号隔离开关 A、B 两相烧坏，2 号主变压器中压侧断路器复合过流时限Ⅱ段动作跳闸，35kV 母线失压，少送电量 1.4MWh，幸无人员受伤。

事故发生后，供电公司和维护单位有关人员立即赶到现场进行抢修，10 时 56 分恢复 35kV 母线送电，由于没有备品备件，向省电力物资公司借用了一组 35kV 隔离开关进行抢修，19 时 31 分恢复 35kV 文坡线送电。

【原因分析】

(1) 值班员李××、王××安全意识十分淡薄，思想麻痹，对已经出现的断路器拒动现象没有引起足够警觉，操作中想当然，操作时违反《电业安全工作规程（发电厂和变电所电气部分）》（DL 408—1991）和《电气操作导则》（Q/CSG 10006—2004）的规定，没有严格履行唱票、复诵制度，没有严格按操作票步骤检查确认断路器的位置状态，以及监护人在监护上严重失职。这是这起事故发生的直接原因。

（2）值班员对运行设备性能、二次原理了解掌握不够，在操作中出现断路器机构有动作声响，合闸指示红灯灭的情况下，盲目认为断路器已拉开（跳闸线圈烧损也会发生合闸红灯灭）。这是这起事故发生的间接原因。

【暴露问题】

（1）该供电公司部分员工安全意识十分淡薄，"违章、麻痹、不负责任"现象严重。"安全第一"的思想只是挂在嘴上，没有真正贯彻落实到员工的行动上，没有落实到每项作业中去。员工思想麻痹，在操作过程中对出现不正常的现象不深究不追查，盲目操作，对公司近期所发生的恶性误操作的事故通报麻木不仁，没有深刻吸取别人事故的教训，对自己身边的事故也没有清醒认识。

（2）该供电公司部分员工不守"规矩"，缺乏遵章守纪的意识。公司总部和省公司都制定和颁发了安全生产相关规定、制度，但供电公司没有很好地执行，尤其是"两票三制"没有严格有效执行，操作票由监护人代填，操作票项目填写。

【防范措施】

（1）组织相关部门、调度、运行检修班组参加的安全专题会议，认真吸取本次事故教训，整顿麻痹思想，整顿习惯性违章、不负责任作风，从不同层面上努力提高全体员工的安全意识和遵章守纪的意识。

（2）完善对交接班、设备缺陷、备品备件、设备安装调试验收的管理。

（3）有针对性地加强对运行值班人员进行设备二次控制、信号回路知识的培训和学习，熟练掌握二次原理。

【案例 7-7】 220kV A 变电站 "9·29" 带负荷拉隔离开关恶性电气误操作事故

【事故经过】

220kV A 变电站 220kV 母线并列运行，220kV 官红甲线、厂官甲线、1 号主变压器挂 220kV Ⅰ段母线，220kV 官红乙线、厂官乙线、上官线、2 号主变压器挂 220kV Ⅱ段母线；1、2 号主变压器分列运行，1 号主变压器供电 10kV Ⅰ段母线；2 号主变压器供电 10kV Ⅱ段母线；10kV B 变电站由 110kV 官广线供电；110kV C 变电站 2 号主变压器由 110kV 广长甲线供电；110kV D 变电站 1 号主变压器由 110kV 官东线供电，2 号主变压器由 110kV 官龙线供电；110kV E 变电站 2 号主变压器由 110kV 官珠线供电。

2006 年 9 月 29 日 10 时 53 分 43 秒，220kV A 变电站运行人员在执行操作任务为"220kV 所有运行设备全部倒至 220kV Ⅱ段母线运行，220kV 母联 2012 断路器正常运行（配合 220kV 旁路 2030 断路器综自改造启动方案）"的操作过程中，当执行到操作票的第 23 项"查厂官甲线Ⅱ组母线侧 23542 隔离开关在合闸位置"时，发现 23542 隔离开关 C 相合闸不到位，马上向值班长和站长报告，该站长经请示变电巡检维护部主管领导同意后，操作人员按规定进行解锁，电动遥分该隔离开关后，又将 23542 隔离开关遥合，但是仍合不到位；再经请示后改为就地操作，由于手动操作分闸时出现隔离开关口放电现象，且伴有燃烧物掉落，引燃绿化草地，操作人员为保人身及设备安全，立即改为用电动遥分该隔离开关，但过分紧张误按 23541 隔离开关按钮，造成带负荷拉 23541 隔离开关，引起抢弧导致 220kV 母差保护动作，跳开所有五回 220kV 线路及 1、2 号主变压器高压侧断器，该站全站失压，同时使相关联的 110kV B、D 站全站失压，110kV C、E 站部分失压，23541 隔离开关触头烧损。损失负荷为 174.9MW，少供电量为 130MWh。

【原因分析】

（1）操作人员存在麻痹思想，工作责任心差，缺乏安全意识，没有认真核对操作按钮编号，在实施解锁操作 23542 隔离开关时误操作 23541 隔离开关，导致带负荷拉隔离开关。这是造成事故的直接原因。

（2）操作监护人监护工作不到位，没有真正履行到监护职责，现场出现异常情况没有采取有效的应对和控制措施。这是造成事故的主要原因。

（3）该 GW4-220IIW 型隔离开关为 1992 年产品，设备老化、运行工况差，多次分合不到位。这也是导致事故发生的原因之一。

【暴露问题】

（1）运行人员思想麻痹，安全意识淡薄，工作责任心不强，没有认真履行相关职责。存在违章作业行为，没有严格执行有关的倒闸操作制度，监护工作也不到位。

（2）运行人员经验不足，对操作危险点分析与预控考虑不够，对设备存在的安全隐患没有充分的认识，对操作出现的异常情况也缺乏应急处理能力。

（3）运行人员有章不循，作业行为不严谨，没有严格执行操作录音制度，没有真正树立与"违章、麻痹、不负责任"三大安全敌人做坚决斗争的信念。

【防范措施】

（1）停产整顿，全面查找安全薄弱环节，进一步完善各项安全措施，举一反三吸取事故教训。

（2）开展"两票"和防误操作专项整治，切实加强防误操作管理，严肃查处违章现象和行为。汇集印发有关倒闸操作和"两票"方面的规章制度、事故案例，组织运行规程的复审和学习考试；全面检查防误装置和运行设备，提出反事故措施并落实整改；严肃规程制度的执行和落实，严格执行"两票"考核制度，建立大型操作项目主管人员按级到场制度，逐步制定其他各种考核的办法；整治接地线的管理和设备标识，如端子箱各隔离开关操作按钮区域划分、设备双重编号牌、接地线的使用等。

（3）加强对员工的安全教育，使员工树立长期与"违章、麻痹、不负责任"三大敌人作斗争的信念，切实提高员工的安全责任心和安全意识。

（4）组织一次针对电气操作的技能及运行规程制度掌握水平考核。

（5）积极开展危险点分析与预控工作，进一步组织生产部门开展防误操作和人身事故方面的危险点分析工作；落实基层班组做好事故预想和反事故演练，提高员工事故应急处理能力。

【案例7-8】　"6·30"220kV××变电站带负荷拉110kV隔离开关，造成4个110kV变电站失压

【事故经过】

220kV××变电站事故前工况是：220kV设备正常方式运行。110kV凯龙丁T Ⅰ 回101、凯树线103、凯麻鸭T线105、凯阳线107、凯白线109、1号主变压器111及Ⅰ段TV（电流互感器）运行在Ⅰ母线；110kV凯龙丁T Ⅱ 回102、凯大金T线104、凯雷统T线106、凯鸭线108、2号主变压器112及Ⅱ

段 TV 运行在 Ⅱ 母线；Ⅰ、Ⅱ 母线经 110kV 母联 110 并联运行，110kV 旁路 170 在 Ⅱ 母线热备用。

2007 年 6 月 29 日 18 时 18 分，该站值班负责人龙××发现 110kV 凯树 103 保护装置异常（保护装置显示屏黑屏）后立即汇报地调。19 时 30 分，修试管理所继保人员到站检查并确认凯树 103 保护装置电源插件坏，龙××报告地调并申请旁代。

21 时 54 分，地调令"将 110kV 旁路 170 断路器由 Ⅱ 母线热备用转 Ⅰ 母线热备用"。龙××安排周××（监护人）和刘××（操作人）进行操作。22 时 27 分，当操作到第 11 项"合上 110kV 旁路 1701 隔离开关"时，周××电话汇报龙××时说："1701 隔离开关'五防'锁锈蚀，电脑钥匙打不开。"龙××确认后按照"五防"钥匙管理办法，电话向变电管理所主任申请用万能解锁钥匙解锁，得到主任同意，龙××将万能解锁钥匙拿给周××周现场解锁完毕后，没有把万能解锁钥匙交回存放而是带在身上。值班负人龙××也没有向监护人催交万能解锁钥匙。22 时 39 分，操作完毕并汇报"110kV 旁路 170 断路器由 Ⅱ 母线热备用转 Ⅰ 母线热备用"操作任务结束。22 时 40 分，地调令"用 110kV 旁路 170 断路器代 110kV 凯树 103 断路器运行，110kV 凯树 103 由运行转热备用"。龙××安排周××（监护人）和刘××（操作人）操作，在安排完操作任务后，龙××随口说："是不是转冷备用可点。"随后刘××开出操作票（票号为 0700355～0700357），经周××和龙××人审核。在审核操作票过程中，龙××和周××都没有发现操作票出错，操作任务由"用 110kV 旁路 170 断路器代 110kV 凯树 103 断路器运行，110kV 凯树 103 由运行转热备用"扩大为"用 110kV 旁路 170 断路器代 110kV 凯树 103 断路器运行，110kV 凯树 103 由运行转冷备用"，审核完毕后两人开始操作。6 月 30 日 0 时 18 分，当操作到第 38 项"拉开 110kV 凯树线 1033 隔离开关"时，刘××和周××误入带电运行的凯树 1037 隔离开关，在没有认真核对设备名称和编号，没有对操作票执行唱票和复诵的情况下，刘××操作"拉凯树 1037 隔离开关"不成功（由于"五防"闭锁功能），周××未经请示，使用万能解锁钥匙对凯树 1037 隔离开关进行"五防"解锁，刘××将正在运行的凯树 1037 隔离开关带负荷强行拉开，随即 110kV 凯树 1037 隔离开关弧光短路，110kV 旁路 170 断路器距离 Ⅰ 段保护动作跳闸，造成 110kV 4 个变电站失压 10min，损失电量 2500kWh，凯树 1037 隔离开关动触头端部轻度电弧烧伤。

【原因分析】

（1）监护人和操作人走错间隔，把"1037 隔离开关"当成"1033 隔离开关"。无票操作（不唱票、不按操作票步骤进行操作视为无票操作），擅自使用万能钥匙进行解锁操作。

（2）值班运行人员不严格执行调度令，擅自扩大操作范围。操作人员填票不认真，致使操作票内容出现多处错误，监护人和值班负责人对操作票审核不认真、不负责，流于形式，未能发现存在的问题。

（3）操作人员没有严格执行"两票三制"，操作中未核对设备名称和编号。操作人盲目操作，监护人没有认真履行监护职责。

（4）监护人违反变电运行操作管理规定，对操作任务不进行"五防"操作预演，在操作过程中存在严重习惯性违章。

【暴露问题】

（1）值班调度员、变电站运行人员对该变电站 110kV 凯树 103 无保护运行的严重后果认识不足，责任心不强。29 日 20 时 21 分，已确认保护装置电源损坏，变电站值班员当即向调度申请旁代，至 21 时 46 分，调度员在接到变电站值班员再次汇报和申请旁代后才下令进行操作。在长达 1 个多小时的时间内，调度和变电值班人员对运行设备的紧急缺陷重视不够，反应不及时，没有相互进行沟通，使设备长时间处于无保护运行状态，埋下严重安全隐患。

（2）该变电站值班负责人对调度令执行不严格，擅自扩大操作范围。运行人员在操作过程中中断操作，而从事与操作无关的工作（如抄表、处理保护信息等）。

（3）"两票三制"管理制度的执行不力，落实不到位，操作中不唱票和不按操作票步骤进行操作，未经批准擅自使用"五防"万能解锁钥匙进行多项操作，违反防误管理规定。

（4）变电站值班员不严格执行防误操作闭锁装置解锁钥匙存放、使用、登记的管理规定，无专人监督管理，管理办法形同虚设，违反所在单位的《防误闭锁装置解锁钥匙管理规定》。

（5）设备运行维护不到位，没有认真执行设备运行管理制度。设备运行维护没有责任到人，设备管理存在盲区。对设备的"五防"锁运行维护不到位，没有对设备的"五防"锁进行定期巡视、检查，没有及时发现和维护有问题的

"五防"锁。

（6）本单位相关职能管理部门对生产部门的管理不到位，到工作现场的时间比较少，没有及时发现生产部门存在的问题，对生产部门的安全生产缺乏有效的监督管理。生产部门的管理层对班组、员工的管理不严。部分安全生产规章制度不健全、不完善，部分管理制度大而全，不适用，也不易操作。

【防范措施】

（1）加强值班负责人和值班员教育培训，严格执行防误操作闭锁装置解锁钥匙存放、使用、登记的管理规定，严格按调度令执行操作任务，严禁擅自扩大操作范围。

（2）认真执行设备运行管理制度。设备运行维护责任到人，加强对设备的"五防"锁进行定期巡视、检查工作，及时发现和维护有问题的"五防"锁。

第三节　带电挂接地线和带电合接地开关案例分析

【案例 7-9】　500kV××变电站带电合接地开关恶性误操作事故

【事故经过】

2018 年 11 月 1 日，在进行××变电站 500kV 2 号母线运行转检修操作过程中，变电站运维人员走错间隔、擅自解锁、带电合 500kV 1 号母线接地开关，导致 1 号母线差动保护动作跳闸。

××变 500kV 系统为 3/2 接线方式，出线九回，主变压器两台。1 月 1 日，500kV 1 号母线、兴咸Ⅰ、Ⅲ回线、光咸线、咸梦Ⅰ回线、蒲咸Ⅱ回线、1、2 号主变压器正常运行；500kV 蒲咸Ⅰ回线、兴咸Ⅱ回线、凤咸Ⅰ回线、咸梦Ⅱ回线处于检修状态；500kV 2 号母线处于运行转检修操作状态。

当日 14 时 44 分，××变运维人员在 500kV 2 号母线转检修的操作过程中，准备远程操作 500kV 2 号母线接地开关 5227，变电站运维人员在现场查看接地开关位置时，误入 500kV 1 号母线接地开关 5127 间隔，擅自使用"五防"解锁钥匙调试密码功能进行解锁，误合 500kV 1 号母线接地开关 5127，导致 500kV 1 号母线差动保护动作，跳开 500kV 5011、5021、5051、5061 开关，造成 500kV 蒲咸Ⅱ回线及其所带的蒲圻电厂 4 号机（1000MW）停运。

【原因分析】

（1）严重违反操作票制度和交接班制度是造成这次误操作事故的主要原因，当班班长刘××对没有操作完的项目盲目打"√"，编造操作时间，并且在执行一个操作任务中间进行交班，违反了管理局关于认真执行"两票三制"的有关规定。

（2）接班班长唐××接班后，在系统运行方式变更的情况下，没有检查、核对设备的实际位置，在执行合接地刀闸操作时没有操作票；操作人员合接地刀闸前又不验电，致使这次误操作事故的发生。在事故处理中，唐××对本站误操作汇报不及时，给调度处理事故造成不便。

（3）运行纪律松弛也是事故的重要原因。刘××班当天只有 3 人到岗接班，第一值班员用电话向班长请假，说病了，没来上班。班长没有向领导汇报，也没有安排替班人员。

【暴露问题】

（1）秋检安全管控不力。相关单位秋检工作组织不到位，风险管控措施落实不到位，有关领导干部和管理人员未严格履行到岗到位职责，现场安全失控。

（2）现场作业严重违章。变电站运维人员严重违反《安规》和"两票三制"要求，工作随意，擅自违规倒闸操作，误入间隔，误合运行母线接地开关，严重违章作业。

（3）防误操作管理混乱。防误装置密码管理不严格，安装调试完成后未及时清除调试密码功能，防误操作装置存在重大安全隐患。变电站运维人员擅自使用"五防"解锁钥匙调试密码功能进行解锁，严重违反《防止电气误操作安全管理规定》。

【防范措施】

（1）切实加强防误闭锁管理。各单位要立即开展一次防误操作安全检查，全面检查变电站防误装置投入率、完好率，确保防误装置与主设备同步运行；全面核查防误装置解锁密码设置情况，严格解锁钥匙和解锁密码管理，严禁随意使用解锁密码。

（2）切实加强现场作业管理。严格执行《安规》和"两票三制"，严禁擅自扩大工作范围，严禁无命令操作和越权操作。严格执行倒闸操作管理规定，加强接地线、接地开关、保护压板等设备状态管理，确保操作准确无误。加强作业人员管理，强化安全教育，提高安全意识和责任心。

（3）切实加强安全秩序管控。加强秋检工作组织，严肃落实到岗到位要求，全面落实风险管控措施，严格管控现场安全秩序。结合秋冬季安全大检查，充分发挥各级督查队伍作用，严格检查领导干部和管理人员到岗到位情况，严肃查纠违章行为，对违章现象及时通报，对违章人员严肃追责，保持反违章高压态势。

【案例 7-10】　××供电公司 220kV××变电站带电合接地刀闸误操作事故

【事故经过】

事故当时的运行方式：变电站 220kV 系统、1 号主变压器正常方式运行；2 号主变压器停运，66kV 凌叶线（建一变侧供电）经南母线带钢厂 2 线运行，66kV 凌大线、1 号电容器、旁路母线及开关间隔、母联间隔停电。

2005 年 4 月 1 日 6 时 10 分，该变电站按照调度的指令开始倒闸操作。6 时 16 分拉开 66kV 凌大线断路器，6 时 37 分完成钢厂 3 线南母线倒北母线操作，6 时 43 分合上 66kV 凌叶线断路器，6 时 44 分拉开 2 号主变压器主二次断路器，完成了凌叶线经南母线带出钢厂 2 线负荷的操作任务。

6 时 45 分，变电站按照调度综合令开始进行 2 号主变压器停电检修的倒闸操作。7 时 38 分，操作人刘××、第一监护人门××、第二监护人李××3 人使用解锁钥匙，在没有拉开 2 号主变压器主一次甲隔离开关，又没有核对隔离开关位置的情况下，就开始进行合接地刀闸的操作，造成带电误合 2 号主变压器主一次甲隔离开关开关侧 C 相接地刀闸，220kV 母线 C 相接地短路。

220kV 母线 C 相接地短路事故发生后，由于该变电站 220kV 母差保护直流熔丝未投而拒动作，导致与其相连的另外一座 20kV 变电站的 220kV 建凌 1 线、建凌 2 线接地距离二段、零序二段保护动作，两条线路开关同时跳三相不重合。该变电站 1 号主变压器失去主要电源，66kV 北母线、10kV 母线电压降低到 80％。66kV 南母线正常运行。

【原因分析】

（1）不使用"五防"机填写停电操作票，填写过程中漏项，漏掉了"拉开2 号主变压器主一次 5522 甲隔离开关和 5522 乙隔离开关"关键性的操作项目，

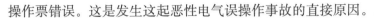

操作票错误。这是发生这起恶性电气误操作事故的直接原因。

（2）操作前未进行模拟预演，未发现操作票漏项，失去了预演的把关作用。这是发生这起恶性电气误操作事故的间接原因。

（3）停电倒闸操作中操作人员不核对设备状态和位置，严重违反了《安规》"操作应核对设备名称、编号和位置"的规定；不按要求验电，使用解锁钥匙解锁，造成带电合上接地倒闸。这是发生这起恶性电气误操作事故的主要原因。

【暴露问题】

（1）运行人员不使用"五防"机填写操作票，运行操作标准化与危险点分析工作流于形式。

（2）操作中监护人帮助操作人操作，第二监护人亲自进行设备验电，进行部分项操作，没有严格履行监护职责。暴露出现场安全生产监护制和人员职责没有很好地落实。

（3）熔丝漏投，暴露出专业班组与运行值班人员有验收制度不执行，制度流于形式，不能认真做到相互监督，互补漏洞。

【防范措施】

（1）对全公司的变电站"五防"机开票系统进行全面检查，防误逻辑必须可靠合理。

（2）严格执行操作票审核检查制度，操作前必须进行模拟预演，核对系统运行方式。

（3）彻底清查解锁钥匙，对防误装置的每一个锁具、每一套系统的完好性进行一次全面检查。

（4）加强生产现场的全过程管理，做到组织到位、管理到位、人员到位、措施到位。

【案例7-11】　110kV××变电站"10·21"带电合接地小车恶性误操作事故

【事故经过】

2005年10月21日9时，110kV××变电站收到××电气安装公司工作任务为"110kV××站10kV F25三江线油××分线10号塔改线"的线路第一种工作票，须将10kV F25三江线线路由运行转检修。9时8分，经地调集控中心同意，××中心站运行人员在该站执行 10kV F25 三江线线路停电操作任务，将 10kV F25 三江线线路由运行转检修。9 时 29 分，操作人员将 10kV F25 三江线小车开关［开关柜型号为 kYN28A-12（2)-002］拉出开关柜后，当操作至在 10kV F25 三江线线路侧进行验电时，本应将验电小车推入 10kV F25 开关柜进行验电操作，但误将母线接地小车当作验电小车推入开关柜内，造成 10kV Ⅲ乙母线接地短路，电弧灼伤正在操作的操作人李××、监护人丁××，同时 3 号主变压器低压侧复合电压闭锁方向过电流保护动作，跳开 3 号变压器低压侧503 号乙断路器，10kV Ⅲ乙母线失压，10kV F25 小车开关柜母线侧触头烧损，损失负荷约 8MW。

【原因分析】

（1）操作前，操作人员没有认真核对设备，误将母线接地小车当作验电小车推入开关柜。这是事故发生的直接原因。

（2）母线接地小车没有防止推入馈线柜的闭锁机构，以致母线接地小车能轻易被推进出线开关柜。这也是导致事故发生的原因之一。

【暴露问题】

（1）操作人员思想麻痹，安全意识淡薄，工作责任心不强，相互依赖思想严重。

（2）班组的安全管理不到位。没能深入开展倒闸操作作业的危险点分析工作，在日常的运行工作中未能意识到各种功能不同的小车可能带来的操作风险，未能规范小车的摆放、标识等。

【防范措施】

（1）要认真抓紧抓好基层班组技能培训，切实提高基层班组人员的技能水平，规范倒闸操作流程，提高安全防范能力。

（2）加强班组的安全管理。深入开展倒闸操作作业的危险点分析工作特别是转运小车操作风险，规范开关室内小车定置定放。

【案例 7-12】 220kV××变电站"4·8"带电一挂地线恶性电气误操作事故

【事故经过】

2005 年 4 月 8 日，××公司在 220kV××变电站更换 110kV 番基线、番城乙线及番莲线 3 个 110kV 间隔构架拉线绝缘子。11 时 15 分，番基线和番城乙线间隔的绝缘子更换工作结束。10 时 55 分，监护人何××、操作人李××执行 110kV 番莲线由运行状态转检修状态的操作任务，准备更换番莲线间隔绝缘子安全隔离措施。11 时 11 分，操作完毕后，因临时增加清扫番莲线阻波器绝缘子工作，需要在线路上增加一组临时接地线。何××、李××经站长同意后，从刚结束工作的番城乙线间隔线路出线上解除临时接地线装到番莲线上。11 时 18 分，何××、李××拆下番城乙线临时接地线后，错误进入运行中的 110kV 番南线间隔，无票操作，在未核对间隔名称、未核对设备名称、未经验电、未执行操作复诵的情况下，由监护人何××将接地线的地端接在番南线出线 OY 的接地线上，操作人李××爬上绝缘梯挂接地线在线路与 OY 引下线上，造成 110kV 番南线 C 相对地短路，番南线该站侧 OY 引下线烧断。监护人何××被接地线的接地端夹头不牢引起的电弧灼伤左前臂及手背，送医院治疗后，当天下午回到变电站。经医院诊断为灼伤程度为浅 Ⅱ 度，面积较小，属于轻伤，操作人李××站在绝缘梯上未受伤。

事故造成 110kV 番南线零序保护动作，重合成功，同时 A 电厂 2 台共带 27MW 负荷和 B 电厂 7 台共带 61MW 负荷机组解列。11 时 49 分，送回 A 电厂侧新甘线断路器，12 时 50 分，B 电厂机组恢复并网发电。

【原因分析】

（1）操作人误认为带电间隔是检修间隔，擅自拆除临时安全围栏，进入带电间隔；操作前没有核对设备名称及编号，没有验电。这是事故发生的直接原因。

（2）监护人没有履行安全监护职责，监护不到位，默许操作人擅自拆除临时安全围栏，进入带电间隔；在没有核对设备名称、编号及验电的情况下，允许操作人进行挂地线的操作。这是事故发生的主要原因之一。

（3）该变电站站长没有认真履行职责，违章指挥，认可工作票同工作任务不符及操作人员无票操作的行为，没能按照规定解除番城乙线的安全措施。这也是造成事故的原因之一。

【暴露问题】

（1）操作人员安全意识淡薄，自我保护意识差，未能时刻树立起同安全"三大敌人"作斗争的理念，未能吸取同类事故的深刻教训。

（2）基层班组对有关制度的执行意识淡薄，执行力层层衰减，有章不循、有章不依的习惯性违章依然存在。

（3）临时安全围栏设置不规范，未起到警示、隔离的作用；作业行为不规范随意性大。

【防范措施】

（1）必须加强班组建设，加强对员工的安全教育，营造良好的安全氛围，使员工树立长期与"违章、麻痹、不负责任"三大敌人作斗争的信念，切实提高员工的安全生产及自我保护意识。

（2）要认真抓紧抓好基层班组技能培训和安全学习，切实提高基层班组人员的安全素质及技能，提高安全防范能力，规范员工的作业行为。

（3）深入抓紧抓好防止电气误操作的反事故措施，切实加强管理，按照"严、细、实"的要求抓好"两票"和防误操作工作，严禁无票工作、无票操作。

（4）各单位要加强现场临时安全措施的设置，使安全措施真正起到安全隔离作用。工作中，严禁运行人员及施工人员擅自改动、拆除临时安全措施，确保安全措施的有效性。

【案例7-13】　110kV A 变电站"12·24"带电合接地开关恶性电气误操作事故

【事故经过】

2005 年 12 月 24 日，事故前运行方式，110kV A 变电站、B 变电站、C 变电站和 D 变电站 110kV I 母线由 110kV E 变电站红鹤线 122 号断路器供电。A 站除 110kV 鹤榕线 125 号断路器在运行状态外，全站其他设备均已停电。A 站微机"五防"装置因站用电停电退出运行，需使用解锁用具对断路器、隔离开关进行解锁操作。

A 站按工作计划处理 110kV 鹤榕线间隔 TA（电流互感器）的渗漏缺陷，需将 110kV 鹤榕线 125 号断路器由运行转检修。11 时 10 分，李×× （监护人）、邝×× （操作人）持操作票开始执行"110kV 鹤榕线 125 号断路器由运行转检修"的操作任务，当两人执行完"在 110kV 鹤榕线线路侧 1254 号隔离开关靠 TA 侧验明确无电压"（第 14 项）项目后，李××下达了"合上 110kV 鹤榕线 TA 侧 125C0 接地开关"（第 15 项）命令，邝××正确复诵无误后，未核对设备名称、编号及位置，走到了 110kV 鹤榕线线路侧 12540 号接地开关机构旁边，同时也未核对"五防"编码锁编号，即用解锁钥匙打开了锁在 12540 号接地开关操作把手上的编号为"12540"的"五防"锁。此时李××未跟随操作人并监护其解锁过程，也未再次核对设备名称及编号，而是仍然站在 125C0 设备标示牌前。11 时 29 分，邝××操作合上了 110kV 鹤榕线线路侧 12540 号接地开关，因线路带电，当接地开关的动触头接近带电静触头时，造成 110kV 鹤榕线三相接地短路，110kV E 站红鹤线断路器距离保护Ⅰ动作跳闸，110kV B 站、110kV C 站和 D 站 110kV Ⅱ段母线失压。D 站 110kV 备自投动作成功，切开 110kV 白井线断路器，合上 110kV 母联 100 号断路器，恢复 110kV Ⅱ段母线正常供电。

事故发生后，现场人员立即向地调报告。11 时 40 分，调度员确认 A 站鹤榕线线路侧 12540 号接地开关已拉开后，经遥控合上 E 站红鹤线断路器送电正常，线路恢复运行并恢复对 C 站、B 站供电。12 时 2 分，D 站恢复正常运行方式。

经现场检查，事故造成 A 站鹤榕线 12540 号接地开关触头轻微灼伤，不影响运行，操作人员未受伤，损失负荷约 35MW，损失电量约 6.42MWh。

【原因分析】

（1）监护人和操作人没有认真执行操作之前对照设备名称和编号无误后再操作的要求，监护人唱票没有核对设备名称、编号和位置，操作人复诵也没有再次核对，以致走错位置。这是事故发生的直接原因。

（2）微机"五防"装置没有配备后备电源，因站用电停电退出运行，造成整个操作过程都要使用解锁钥匙解锁操作，失去防止电气误操作的技术防范作用。这是事故发生的主要原因。

（3）110kV 鹤榕线 TA 侧 125C0 接地开关标示牌的位置不准确，处于 125C0 接地开关和 12540 号接地开关中间，没有正对 125C0 接地开关操动机构，会使操作人员产生错觉。这也是事故发生的原因之一。

【暴露问题】

（1）部分变电运行人员安全意识淡薄，相互依赖思想严重，未能吸取同类事故的教训，未能树立起同"违章、麻痹、不负责任"长期作斗争的信心和决心，有章不循现象依然突出。

（2）部分变电运行操作人员行为不规范，特别是监护人履行监护职责的方式、监护时站立的位置等不具体、不明确，没有达到预防事故、及时发现操作人操作错误的目的。

（3）针对上级对当前安全生产工作提出的明确要求和各项规范，存在落实不到位、执行力层层衰减的现象，尤其在目前年末要求严防死守、确保安全生产目标实现、防止各类事故发生的要求下，部分人员仍然没有引起足够重视，没有把防范措施真正落实到具体工作中。

（4）A 站的 1254 户外隔离开关于 11 月中旬进行了更换，但变电站未将125C0 接地开关标示牌及时装挂到准确合理的位置，运行人员在日常工作中没能觉察此隐患的存在，表明了变电站运行管理不到位，在设备改造计划、施工、验收、巡视及安全检查等方面都有漏洞。

（5）未能充分重视微机"五防"装置的作用。因没有配备后备电源，微机"五防"装置在站用电停电时要退出运行，在"五防"使用上存在真空。

（6）班组的作业危险点分析及预控没能做到"严、实、细"，没有对倒闸操作的危险点进行分析，也没有采取预控措施。

【防范措施】

（1）加强培训、教育工作，提高班级安全学习活动的质量，切实增强生产人员的工作责任心，使其熟知有关的工作规程规定，以使规程规定能不折不扣地得到执行；同时，抓好班组的标准化管理，规范班前、班后会，规范作业流程，规范每个员工的作业行为、动作。

（2）加强危险点的分析与预控，做到每项工作都要有危险点分析，并采取切实可行的防范措施，使工作落到实处；对于倒闸操作中容易发生恶性误操作的项目，可在操作票相应的操作项目栏用有关符号或标识标注，以引起操作人员的高度重视。

（3）加强变电设备标志牌的管理，对其进行一次全面检查，对装挂位置不准确、不合理的立即整改，确保标志牌不误导生产人员。

（4）严格防止电气误操作闭锁装置的解锁管理，减少解锁操作；对于没有后备电源的微机"五防"装置，要为其配备后备电源，保证工作电源不间断。

【案例 7-14】 220kV ×× 变电站"7·2"带电合接地开关恶性误操作事故

【事故经过】

事故前运行方式，1 号主变压器 110kV 开关、青东 1053 接 110kV 正母线运行；2 号主变压器 110kV 开关、青港 1050、青溪 1052 接 110kV 副母线运行，110kV 母联开关运行，田港 1051 开关及线路检修。

2008 年 7 月 2 日 6 时 23 分，地调正令：2 号主变压器 110kV 开关由副母线运行改检修、110kV 副母线由运行改检修、110kV 母联开关由冷备用改检修。操作人员在操作"110kV 副母线由运行改检修"任务时，当完成"拉开 110kV 副母线压变闸刀操作电源闸刀"（第 43 步）操作后，接着将进行停电设备进行验电和合接地闸刀操作，由于需准备操作所需的 110kV 母线接地闸刀专用操作手柄和接地线，操作人与监护人一同到安全器具室拿操作用具。拿好相关用具后，操作人拿着接地线走在前面，监护人拿着操作票、电脑钥匙和操作手柄走在后，当走到 110kV 正母线 2 号接地闸刀处，监护人误认为这是 110kV 副母线 1 号接地闸刀，在没有验电、没有核对确认所处间隔是否正确、没有打开 110kV 正母线 2 号接地闸刀防误挂锁的情况下，7 时 38 分监护人将操作手柄放入摇孔强行摇动，导致"五防"挂锁固定螺栓在转动过程中断裂，110kV 正母线 2 号接地闸刀在合闸过程中拉弧，110kV 母差保护动作，跳开连接在 110kV 正母线上的所有开关。事故造成 110kV 正母线 2 号接地闸刀轻微损伤，损失负荷 40MW，所幸没有造成人员伤害。

【原因分析】

（1）当值操作人员违反《安规》和省公司有关倒闸操作"六要七禁八步一流程"作业规范。监护人、操作人职责不清、不执行唱票复诵制、不核对设备名称、不按操作票顺序进行验电接地操作、不按正常操作程序进行防误解锁操作，并在未解锁的情况下强行合接地闸刀。

（2）未按倒闸操作作业规范做好操作前的准备工作，造成操作过程中断，并且在重新操作时不核对设备命名、不执行唱票复诵制度。

（3）当值人员安全意识淡薄。操作前，未认真开展危险点分析，未落实预控措施。

【暴露问题】

（1）变电站管理松懈。存在制度规定执行不到位、安全管理不到位等问题；反映出平时站内出现的习惯性违章行为未能及时地发现或未予及时纠正，使违章操作成为习以为常的现象。

（2）上级安全管理存在漏洞，对制度执行、安全管理和防范措施的落实情况监管不力；对职工安全意识教育实效性存在问题；对重大操作未安排工区相关人员到现场进行监督、检查和指导；对变电站存在的安全管理问题掌握不全面、不到位。

【防范措施】

（1）要举一反三，根据事故发生的表面现象进行解剖，分析产生误操作事故的深层次原因，对照自身的安全生产和管理工作现状，查找本部门、班组存在的问题，找到并制定切实可行、有效的措施，切忌有"事不关己高高挂起"的思想。

（2）要用制度、教育和考核，培养作业人员的安全意识，使作业人员养成良好的、自觉遵章守纪的工作习惯。要坚持以制度规范人员的作业行为，全面开展现场作业标准化和管理标准化；要坚持以教育培训为先，使现场作业人员重安全、懂安全、能安全，并能做到安排工作前想到安全、作业前做好安全防范措施、作业中注意安全；要坚持与安全奖惩机制相结合，要通过采取必要的强制手段，通过有理、有节、公正、公平的考核，从思想意识上规范人员的作业行为。

（3）各级变电运行管理部门要经常性开展操作人员《安规》和倒闸操作作业行为规范的培训和考评，加强对新进运行人员和在职运行人员规范化操作的培训和教育，提高操作人员倒闸操作安全的技能，严格规范，坚决杜绝违章操作行为。要利用夏季生产任务较轻的有利时机，开展规范操作大讨论，注重操作细节，切实吸取事故教训。

（4）加大对重要作业和复杂工作现场的把关力度。制定、完善并实施重大操作时相关管理人员到现场进行检查、督促、指导、把关的管理制度，并加强对以上相关管理人员到位情况的考核。

（5）各级安监部门和安全稽查组织要加强对作业现场的监督，加大反违章稽查的考核力度，对查出的问题必须按规定进行严格记分、严格考核，做到"有章必循，违章必究"。同时，对重复违章者、严重违章者和不吸取以往（包括别人事故）教训的违章者要从重、从严考核，并采取违章与奖金考核、先进评选、技术职称评定等结合起来，加大违章者的违章成本。

（6）安全生产管理规程制度的执行力要从细处抓起。要开展爱岗敬业宣传教育，提倡技术上精益求精、工作中认真细致的良好工作态度和敬业精神，灌输"细节决定成败"的思想，养成员工决不放过任何影响安全生产隐患的执着精神。

第四节　带接地线或接地开关合隔离开关（断路器）案例分析

【案例 7-15】　220kV××变电站在 220kV Ⅳ母线送电过程发生带接地刀闸合开关误操作事故

【事故经过】

事故发生前，除 110kV×× I 线停电检修外，××电网 220kV 及 110kV 系统全接线运行，直孔电站 1～4 号机组、旁多电站 2、4 号机组、A 电站 1～4 号机组、B 电站 1～3 号机组发电运行，C 电站 3 台机组调相运行，电网总负荷 399.5MW。

××变 220kV 系统为双母线双分段接线（GIS 设备），Ⅰ、Ⅱ、Ⅲ段母线并列运行，Ⅳ母线停电转为冷备用。220kV×× I、Ⅱ母线开关及刀闸拉开，247、248 开关及线路转检修状态，24720、24730、24740 及 24820、24830、24840 接地刀闸在合位。

2014 年 9 月 15—16 日，××变 220kV Ⅳ母线停电，开展新扩建的 220kV ×× I、Ⅱ母线间隔相关设备试验及调试工作，共执行两张第一种工作票，设备状态评价中心和电网技术中心分别进行×× I、Ⅱ母线间隔一次设备试验工作（9 月 15 日 16 时开工）和 220kV Ⅲ/Ⅳ母线母差保护调试工作（9 月 16 日 12 时开工）。9 月 16 日 14 时左右，为验证母差保护动作切除运行元件选择正确性，保护调试人员要求变电运维人员合上 220kV×× I、Ⅱ母线 247、248 开关及 2472、2482 刀闸，当值值班长张××（代理站长）同意后，会同工作负责人张××分别将×× I 母线 247 间隔、××Ⅱ母线 248 间隔 GIS 汇控柜内操作联锁开关由"闭锁"切换至"解除"，随后，值班长张××在后台将"五防"闭锁软压板退出，并监护见习值班员贡××、杨×分别将 247、248 开关及 2472、2482 刀闸解锁合上。×× I、Ⅱ母线间隔相关设备试验及调试工作全部结束后，18 时 37 分，值班长张××在未拉开 2472、2482 刀闸的情况下办理了两张工作票终结手续，并将现场工作结束汇报当值调度员。在调度员和当值值班长张××核对 220kV Ⅳ母线处于冷备用状态，得到肯定答复后，18 时

57 分，调度员下令对 220kV Ⅳ 母线进行送电操作，值班员杨×担任操作人、值班长张××担任监护人，19 时 12 分，在执行"220kV Ⅱ/Ⅳ 母线母联 224 开关由热备用状态转运行状态"操作任务，操作到第 3 步"合上 220kV Ⅱ/Ⅳ 母线母联 224 开关"时，220kV Ⅲ/Ⅳ 母线母差保护动作，224 开关跳闸，50ms 后故障切除。

××变 220kV Ⅳ 母线三相接地短路故障引起××电网电压瞬间跌落，电网频率升至 52.89Hz，A 电站 4 台机组高频切机保护动作，切除出力 40MW；高频引起 B 电站 3 台机组调速器动作，出力由 101.6MW 速降至 16MW，电网频率降至 49.67Hz，B 电站安控装置启动切除负荷约 90MW。当值调度员和相关厂、站运维人员迅速开展应急处置，至 19 时 36 分，损失负荷全部恢复。故障期间，××电网继电保护和安控装置均正确动作。

【原因分析】

（1）现场工作中因保护调试需要，合上 2472、2482 刀闸后，改变了停电设备的运行接线方式，保护调试工作完成后，未及时拉开 2472、2482 刀闸，恢复现场安全措施，导致本应处于冷备用状态的 220kV Ⅳ 母线实际上处于接地状态。这是造成事故的直接原因。

（2）220kV Ⅳ 母线送电前，未认真核对 220kV Ⅳ 母线运行方式，没有按调度令要求到现场对 220kV Ⅳ 母线是否处于冷备用状态进行认真检查核对。这是事故发生的重要原因。

（3）现场工作中操作人员随意使用 GIS 联锁开关操作钥匙，随意突破防误联锁关系，防误闭锁管理不严，防误装置形同虚设。这是事故发生的又一重要原因。

（4）当天母差保护调试工作需要合上 2472、2482 刀闸，而一次设备试验工作中，24720、24820 接地刀闸在合位，同一时间内的两项工作任务所要求的安全措施冲突，操作 2472、2482 刀闸必然需要解锁，为后续 220kV Ⅳ 母线恢复送电埋下了安全隐患。

【暴露问题】

（1）"两票三制"执行不到位。现场工作中，运维人员应检修人员要求变更了检修设备运行接线方式，但变更情况未按要求记录在值班日志内，工作结束后未及时恢复现场安全措施；现场工作完成后，在未将相关设备恢复到开工前状态的情况下，运维人员和检修人员就办理了工作终结手续；设备送电前，未按调度指令要求对设备运行方式进行全面检查，暴露出现场人员安全意识淡薄，存在习惯性违章行为，也反映出变电运维管理不到位，规章制度执行不严格，监督检查流于形式。

（2）防误操作管理不严格。站内 GIS 联锁开关操作钥匙未封存管理，软压板操作密码由变电运维站站长掌握，站长即有权批准同意解除现场防误装置闭锁，防误操作管理存在漏洞，不符合公司规定要求。现场工作过程中，运维人员和检修人员分别解除了 247、248 间隔 GIS 汇控柜内操作联锁开关，值班长监护见习值班员实施解锁操作，解锁操作随意，未按要求严格履行批准签字、使用登记等必需的手续。

（3）现场工作组织管理不力。对一个电气连接部分进行的多专业、多班组工作组织管理不到位，未能针对多专业并行交叉工作提前开展安全风险分析，制定落实风险管控措施。现场工作缺乏统一的组织协调，在一次设备试验工作未终结、开关转检修状态的安全措施未拆除时，又继续开始母差保护调试工作，两项工作所要求的安全措施冲突。新设备试验调试工作方案编制不周密，审核及现场把关不严。

【防范措施】

（1）要深刻吸取教训，继续深入分析事故原因，深挖管理根源，特别要查找安全管理、运维管理、防误操作管理中存在的薄弱环节，逐一制定防范措施和整改计划，坚决堵塞安全漏洞。对秋季检修施工计划进行重新梳理，充分进行安全风险辨识，制定落实风险防控措施。进一步加强员工安全教育培训，加强安全生产严抓严管，强化安全规章制度的执行与落实。

（2）各单位立即把事故通报发至基层一线和所有作业现场，以召开专题安全分析会、"安全日"活动等形式，对照事故暴露出的问题，举一反三，全面查找检修计划组织、"两票"管理执行、防误操作管理、现场安全管控、人员教育培训等方面存在的风险隐患，落实各项安全措施和要求，坚决防止人身事故、误操作事故和人员责任事故，确保现场作业安全。

（3）认真开展反违章工作，结合公司当前正在开展的安全生产打非治违专项行动，深入开展反违章工作，系统分析和查找每项工作、每个岗位、每个环节的违章现象，特别要重视和解决关键岗位、关键人员、关键环节的违章问题，严肃查纠行为违章、装置违章和管理违章。各级领导干部和管理人员要深人现场，切实履行职责，加强对安全工作的指导和检查，狠抓规章制度落实。

【案例 7-16】 "4·12" 10kV 带接地线合隔离开关恶性电气误操作事故

【事故经过】

2013 年 4 月 12 日 14 时 29 分，110kV××变电站，安全运检部变电运行班人员在 10kV Ⅰ 段母线电压互感器由检修转为运行操作中，带地线合隔离开关，导致 2 号主变压器跳闸、10kV 开关柜受损。

110kV××变进行综自改造，1 号主变压器及三侧开关处于检修状态，2 号主变压器运行，全站负荷 33MW；10kV 母联 100 开关、35kV 母联 300 开关运行，10kV Ⅰ 段母线电压互感器处于检修状态。微机防误系统故障退出运行。

2013 年 4 月 12 日 13 时 20 分，变电运行班正值夏××接到现场工作负责人变电检修班陆××电话，"110kV××变电站 10kV Ⅰ 段母线电压互感器及 1 号主变压器 10kV 101 开关保护二次接线工作"结束，可以办理工作票终结手续。

14 时 00 分，夏××到达现场，与现场工作负责人陆××办理工作票终结手续，并汇报调度。14 时 28 分，调度员下令执行将××变 10kV Ⅰ 段母线电压互感器由检修转为运行，夏××接到调度命令后，监护变电副值胡××和方××执行操作。由于变电站微机防误操作系统故障（正在报修中），在操作过程中，经变电运行班班长方××口头许可，监控人夏××用万能钥匙解锁操作。运行人员未按顺序逐项唱票、复诵操作，在未拆除 1015 手车断路器后柜与 Ⅰ 段母线电压互感器之间一组接地线情况下，手合 1015 手车隔离开关，造成带地线合隔离开关，引起电压互感器柜弧光放电。2 号主变压器高压侧复合电压闭锁过流 Ⅱ 段后备保护动作，2 号主变压器三侧开关跳闸，35kV 和 10kV 母线停电，10kV Ⅰ 段母线电压互感器开关柜及两侧的 152 和 154 开关柜受损。事故损失负荷 33MW。

【原因分析】

（1）变电运行人员安全意识淡薄，"两票"执行不严格，习惯性违章严重，违反倒闸操作规定，未逐项唱票、复诵、确认，不按照操作票规定的步骤逐项操作，漏拆接地线。

（2）监护人员没有认真履责，把关不严，在拆除安全措施后未清点接地线

组数，没有对现场进行全面检查，接地线管理混乱。

（3）主变压器 10kV 侧保护未正确动作，造成事故范围扩大。

【暴露问题】

（1）防误专业管理不严格，解锁钥匙使用不规范。在防误系统故障退出运行的情况下，防误专责未按照要求到现场进行解锁监护，未认真履行防误解锁管理规定。

（2）未严格落实到岗到位制度。在变电站综自改造期间，县供电公司管理人员未按照要求到现场监督管控。

【防范措施】

（1）要认真组织事故调查分析，认真查清事故原因和责任，采取切实有效的整改措施，加强县供电公司安全管理，严肃安全责任落实和到岗到位要求，严格执行"两票"，强化防止电气误操作管理，规范现场装、拆接地线和倒闸操作流程。

（2）要认真吸取近期安全事故教训，结合春季安全生产大检查，深入开展防误闭锁隐患排查治理，全面排查防误闭锁装置缺陷、危险源、风险点和管理隐患，制定综合治理措施，坚决防止各类恶性误操作事故。

（3）变电站综自和无人值守改造是一项复杂工作，安全监督和技术管理部门要深入现场，到岗到位，切实履行职责，加强现场监督，强化风险辨识和危险源分析，确保现场人身和设备安全。

【案例 7-17】　110kV××变电站"11·11"带接地线合闸恶性误操作事故

【事故经过】

2005 年 11 月 11 日，110kV××变电站 10kV Ⅰ组、Ⅱ组电容器处检修，0619、0629、06229 号接地开关在合闸位置，在 0623 号隔离开关与Ⅱ组电容器电缆之间挂有接地线一组 1 号。

9 时 49 分，110kV 该变电站值班正值高××收到修试所高试班填用的工作任务为"110kV 该变电站对 10kV Ⅱ组电容器 062 号断路器及 TA 进行检查试验"的变电第一种工作票，工作负责人要求所做安全措施是拉开 062 号断路器，0622、0623 号隔离开关，合上 06229 号接地开关，在 0623 号隔离开关与 062 号断路器之间挂接地线一组。由于 062 间隔及Ⅱ组电容器本身就处于检修，值班员接到该工作票后需要进行的操作，仅仅是根据工作负责人的要求在 0623 号隔离开关与 062 号断路器之间挂接地线一组。考虑到试验人员工作方便，值班人员将接地线挂在柜柜 0623 号隔离开关的出线电缆侧并征得试验工作负责人同意，但在装设接地线操作时未按规定开操作票。当天在 II 组电容器安装处还有一项工作是工作任务为"10kV II 组电容器进行安装"，工作负责人要求所做安全措施是拉开 062 号断路器，0622、0623 号隔离开关，合上 06229、0629 号接地开关。

11 时—12 时 10 分，接班人员正值刘甲和副值刘乙与交班人员进行交接班，接班正值刘甲和交班副值李××共同对设备进行巡视检查，巡视中未到 10kV 062 号开关柜后面（挂接地线处），同时交班正值高××和接班副值刘乙在主控室进行方式、检修工作等文字交接，刘乙也未按规定检查柜内安全工器具、接地线等。刘甲与李××巡视设备完回到主控室后看过高××打印好的交班记录后，交接班人员分别签字认可。交接班双方均未发现交接班记录中未将在 0623 号隔离开关与 II 组电容器电缆之间挂有接地线一组的安全措施写入。

12 时 15 分，值班正值刘甲未经现场验收就与工作负责人文××办理工作票终结，然后汇报地调。13 时 15 分，值班正值刘甲经现场验收后与工作负责人曾××办理工作票终结。

13 时 16 分，值班正值刘甲将该间隔两项工作已办理工作终结和检修人员要求投运 II 组电容器观察汇报地调陆××，陆××经与刘甲核实两项工作全部结束，II 组电容器可以投入运行后，陆××令"将 10kV II 组电容器由检修转热备用"。13 时 18 分，值班正值刘甲持操作票（操作任务为"将 10kV II 组电容器由检修转运行"，与调度令不符）与副值刘乙开始操作。13 时 30 分，操作完前 9 项后，刘甲向地调汇报已将 10kV II 组电容器由检修转热备用，地调陆××令"合上 10kV II 组电容器 062 号断路器"。13 时 32 分，当副值刘乙根据正值刘甲命令"合上 II 组电容器 062 号断路器"操作时，由于值班员漏拆 0623 号隔离开关与 II 组电容器电缆之间接地线，造成带接地线合 062 号断路器造成带接地线合断路器。

事故造成 10kV II 段母线失压，10kV 062 号断路器损坏，直接经济损失约 35000 元。

【原因分析】

（1）交班人员装设地线时未按规定填写操作票，交接班巡视设备不到位，未认真依据工作票核对交班记录上的安全措施，操作前未核对安全工器具使用情况；办理工作终结未进行现场验收；审核操作票未核对工作票所列安全措施。

（2）检修工作终结时未到现场验收，操作前和操作过程中未认真检查、检修现场，值班人员填写和审查操作票时未认真对照工作票和检修现场，造成带地线合闸。

（3）设备本身存在防误缺陷，开关柜后门未设置机械闭锁来闭锁后门未关时的隔离开关操作。

【暴露问题】

（1）暴露出变电站值班员的交接班不认真的问题，交接班记录不完整，对安全措施的布置和作用没有完全掌握。

（2）暴露出变电站值班员不严格执行调度命令的问题，对现场接地线位置的变化未汇报地调，变电操作票与调度命令不符。

【防范措施】

（1）按"四不放过"原则，查清事故原因，组织各车间、班组学习事故通报，加强生产人员对规章制度的学习，提高运行值班人员安全意识，规范员工的作业行为，严格执行"两票三制"。

（2）积极学习和借鉴标准化作业的经验，大力推行交接班工作的标准化。

（3）加装防止误操作管理工作。

（4）立即着手从管理措施和技术措施上加强对临时接地线使用管理。

【案例 7-18】 "1·27"误调度导致带接地开关合断路器恶性误操作事故

【事故经过】

2005 年 1 月 27 日，110kV 耿孟线进行线路检修工作。15 时 56 分，线路工作完毕，具备带电条件。地调正值调度员杨××安排副值调度员吴××填写 110kV 耿孟线复电的调度操作指令票。填写操作指令票时，吴××未看完调度值班记录就开始填写操作指令票，该指令票发生漏项（未填写"A 变电站拉开 141 号断路器 110kV 耿孟线线路侧 14167 号接地开关"）。16 时 35 分，副值调度员吴××在正值调度员杨××未审核操作票及没有监护的情况下，按照事先准备好的调度操作指令票调度命令，进行 110kV 耿孟线由检修转运行的操作，操作过程中，由于调度操作指令票漏项，发生带接地开关合断路器，110kV B 变电站 131 号耿孟线断路器距离保护 II 段动作跳闸。110kV A 变电站耿孟线 14167 接地开关 A 相刀口轻微烧伤。事故发生后，杨××、吴××擅自对该调度操作指令票重新进行了修改，未向本单位有关领导和人员汇报事故情况。

【原因分析】

（1）当值调度员未严格执行《电气、线路操作票和工作票管理制度》，调度操作指令票存在漏项，未经审查且失去监护。

（2）地调当值副值调度员吴××未认真核对 110kV 耿孟线由运行转检修时线路所做的安全措施，导致填写调度操作指令票时漏项，恢复送电前未下令拉开 A 变电站 110kV 耿孟线 1416 号隔离开关线路侧 14167 号接地开关。这是这次事故的直接原因。

（3）地调当值副值调度员吴××未经正值调度员杨××对上述操作指令票审核和同意，擅自按照错票下令，失去操作监护。这是这次事故发生的主要原因。

（4）地调值班员未严格执行《电气、线路操作票和工作票管理制度》和省公司电网调度管理规程。这是这次事故的间接原因。

【暴露问题】

（1）职工的安全意识不强，没有真正认识安全生产的重要性，执行调度指令票时存在严重违章现象。

（2）调度员未严格执行有关"两票"和调度管理规程，习惯性违章表现突出，调度管理有明显漏洞。

（3）对在工作过程中可能存在的危险源没有足够的认识和重视，麻痹思想和违章行为对安全工作的影响没有得到有效控制。

（4）地调值班员在联系和发布指令时未严格执行报名、复诵、记录、录音和汇报制度，调度术语不规范。

【防范措施】

（1）加强调度管理，严格执行调度操作指令票管理制度，统一规范填写调度指令票，严格执行调度下令、操作中的监护、复诵制度。

（2）加强录音系统的管理，不定期对录音进行抽查。

（3）加强电网调度规程的学习、培训，规范调度术语，严格执行调度系统重大事件的汇报制度。

【案例7-19】　110kV A 变电站"5·13"带接地开关合开关的恶性误操作事故

【事故经过】

事故发生前，110kV A 变电站由 220kV B 变电站经从街甲线供电，并通过 110kV 街灌线供 110kV C、D 变电站，110kV 温桃线 E 变电站侧断路器切开热备用；1 号主变压器热备用，由 2 号主变压器供全站负荷；110kV 从街乙线在停电检修状态。

根据检修计划安排，2003 年 5 月 13 日 110kV 从街乙线全停，两侧设备预试、B 站侧继保校验、A 站侧线路隔离开关缺陷处理。17 时工作票全部结束。当日 110kV 温桃线同时安排停电，于 17 时 22 分工作结束恢复送电。5 月 13 日 18 时 10 分，市调当值调度进行从街乙线由检修转运行的操作，先向街口站发令。变电操作班值长叶××接操作令。当值调度员宋××下令："A 站拉开 110kV 从街乙线 12440 接地开关。"叶××说："先操作这一项吗？"宋××答："是的。"叶××说："好的。"宋××说："你操作完这一项就打电话过来。"叶说："好的。"接受调度令后，叶××对值班员曾××（副值）交代操作任务：执行"从街乙线由检修转运行的操作"。随后由叶××作监护人、曾××作操作人，持 000422 操作票在模拟图版模拟预演后，到从街乙线间隔。18 时 13 分，拉开从街乙线 12440 接地开关，之后未按操作票要求汇报调度，叶××命令曾××在 18 时 14 分合上 1242 母线隔离开关，18 时 15 分合上 1244 线路隔离开关，18 时 19 分合上从街乙线 124 断路器向线路充电。随即在 18 时 19 分 2 秒，B 站从街甲线 123 断路器距离Ⅲ段动作跳闸，重合后加速动作再跳。经核查，当叶××、曾××二人合上 A 站从街乙线 124 断路器时，B 站从街乙线线路侧 12440 接地开关仍在合闸位置，造成三相接地短路。由于 A 站侧从街甲、乙线正常方式下分列运行，两回线路不装设保护，因此由 B 站的 110kV 从街甲线保护动作跳闸。事故造成 A、C、D3 座 110kV 站失压。

事故发生后，当值调度迅速将 A 站从街甲线断路器转热备用，从街乙线开关转冷备用。B、A 两站检查设备，发现从街乙线 1 号塔 C 相跳线断线两股，其他设备无异常。于 18 时 48 分恢复从街甲线送电。事故造成 A、C、D3 站停电 29min，少送电约 15MWh。从街乙线于 5 月 15 日 13 时 9 分处理断股后恢复正常。

110kV A 变电站倒闸操作票见表 7-1。经调查，值长叶××在执行从街乙线由检修转运行的操作票时，在 110kV 设备场地执行完毕第 2 项"拉开从街乙线线路侧 12440 接地开关，检查拉开位置"和第 3 项"检查从街乙线间隔全部接地开关已拉开"操作项目后，不按顺序执行第 4、5 项，其中包括汇报调度的项目，而直接操作第 7、8、9 项，检查断路器分闸后，合上从街乙线两侧隔离开关，再回到控制室，操作第 6、10 项。导致在跳项操作过程中漏项，引发事故。

表 7-1 110kV A 变电站倒闸操作票

操作任务：从街乙线线路由检修转运行

操作开始时间：18 时 10 分			操作终结时间：
操作时间	记号	顺序	操作项目
	√	1	核对设备名称及编号
18：13	√	2	拉开从街乙线线路侧 12440 接地开关，检查拉开位置
	√	3	检查从街乙线间隔全部接地开关已拉开
	√	4	汇报调度，从街乙线由检修转冷备用
	√	5	经调度指令后
	√	6	合上从街乙线 124 断路器操作电源
	√	7	检查从街乙线 124 断路器分闸位置
18：14	√	8	合上从街乙线 1242 母线侧隔离开关，检查合上位置
18：15	√	9	合上从街乙线 1244 线路侧隔离开关，检查合上位置
18：21	√	10	合上从街乙线 124 断路器，检查指示灯及电流表指示正确
		11	检查从街乙线 124 断路器合闸位置
		12	操作终结并检查一次无误后汇报调度

备注：

监护人：叶×× 操作人：曾×× 值班负责人：叶××

【原因分析】

（1）A站值长叶××接调度令后，不严格按照调度令进行操作，不严格按操作票填写的顺序逐项操作，在拉开从街乙线 12440 接地开关后，未按调度要求向调度汇报，在从街乙线 B 站侧接地开关未拉开之前，擅自违章跳项操作合上 A 站侧 124 断路器，酿成严重后果，属恶性违章行为。这是造成这起事故的主要原因。

（2）值班员曾××在操作过程中，清楚操作票的操作顺序，明知道操作票中有需要汇报调度的项目，但在监护人发出跳项操作的指令时，没有提出异议，不按操作票所列顺序，进行跳项操作，属恶性违章行为。这是造成这起事故的直接原因。

（3）值长叶××在接调度令"A站拉开 110kV 从街乙线 12440 接地开关"的时候，没有准确复诵，且在对值班员曾××交代操作任务时没有明确说明只执行"拉开 110kV 从街乙线 12440 接地开关"单项操作。这是造成事故的间接原因。

【暴露问题】

（1）暴露出变电站值班未严格执行两票管理规定的问题，习惯性违章表现突出，不按调度令进行操作，不严格按照操作票填写的操作顺序逐项操作并打√。

（2）暴露值班负责人责任心不强，未准确无误地将调度命令向操作人员转达的问题。

【防范措施】

（1）广大职工应正确树立安全意识，自觉执行各项安全工作规章制度，这是确保安全生产的关键。

（2）严肃操作纪律，要求严格执行《电气、线路操作票和工作票制度实施细则》及有关管理制度，操作前必须严格审核操作票和核对现场设备状态，确保操作票正确，必须严格按照操作票填写的顺序逐项操作。

（3）发、受令必须严格执行复诵制度，使用清晰、规范的操作术语和设备双重名称。

（4）变电值班人员在接受调度令后，必须准确无误地将调度命令向操作人员转达。监护人、操作人均要准确知道当前操作任务和调度令所要求的操作步骤。

（5）在变电站集中管理的模式下，应加强每天的工作交接，使当值人员能清楚掌握当日工作情况和设备状态。

（6）各级调度的调度电话不应向没有调度关系的外单位和人员公开，也不应安装直接面向社会公众的业务电话。调度部门不得作为接受公众投诉、查询的机构，以免影响调度操作和事故处理。

【案例 7-20】 220kV ××变电站"8·13"带地线合隔离开关恶性电气误操作事故

【事故经过】

事故发生前，220kV××变电站 1 号主变压器低压侧带 10kV 1M 母线运行；2 号主变压器低压侧带 10kV 2 甲 M、2 乙 M 母线运行；3 号主变压器低压侧带 10kV 3M 母线运行；4 号主变压器低压侧带 10kV 5M 母线运行。10kV 1M、2 甲 M、2 乙 M、3M、5M 母线分裂运行，10kV 1M、2 甲 M 母线母联 500 号断路器及 2 乙 M、3M 母线母联 550 号断路器处于热备用状态。

2005 年 8 月 13 日，施工单位按计划在 220kV 该变电站进行 10VF21 备用开关柜 7214 号隔离开关更换及保护校验工作。7 时 20 分，220kV 该变电站运行人员收到工作票传真件。8 时 30 分，审核工作票无误后，按工作票要求填写操作票。在完成有关操作和安全措施（10kV 7212 号隔离开关侧装设接地线一组；在 7214 号隔离开关线路侧装设接地线一组；在 721 号开关柜间隔与带电间隔间装设了安全遮栏；在 7214、7212 号隔离开关的操作把手上悬挂"禁止合闸，有人工作"标示牌）后，值班人员在施工现场向工作负责人施××交代了安全措施、工作地点带电部位及工作注意事项，还特别强调母线带电，禁止操作 7212 号隔离开关和未经许可不能擅自变更安全措施等，于 10 时 15 分许可工作。

施工单位工作班人员因在安装新 7214 号隔离开关前，需找准原 7214 号隔离开关合闸状态下的拐臂角度，以便于准确安装新隔离开关。工作负责人施××和工作人员程××就如何找准隔离开关合闸状态下的拐臂角度进行了商量，认为需要合上 7214 号隔离开关。

10 时 43 分，施工人员程××在未征得值班人员的同意下，擅自取下悬挂在 7212、7214 号隔离开关把手上的"禁止合闸，有人工作"标示牌并解除 7212、7214 号隔离开关的机械闭锁装置，用自带的工具对 7214 号隔离开关进行合闸操作，但因 7212 号与 7214 号隔离开关间存在机械联锁，即在 7212 号隔离开关处于分闸状态下，不能对 7214 号隔离开关进行合闸操作。10 时 45 分，施工人员程×× 擅自用自带的工具合上 7212 号隔离开关，造成带地线合隔离开关事故，10kV 2 甲 M 母线三相接地短路，开关柜冒出大量浓烟，此时，现场人员立即跑到主控室将情况报告值班负责人。值班负责人接报后，于 10 时 45 分 49 秒手动切开 2 号主变压器低压侧 502 乙断路器，并随即手动切开 10kV 2 甲 M、2 乙 M 母线上所有未跳闸断路器，2 号主变压器 10kV 侧后备保护动作，10kV2 甲 M 母线接地等光字牌亮。经检查，本次事故造成 220kV ×× 站 10kV2 甲 M 母线上 F16、F17、F18、F19、F20、F21 间隔设备不同程度损坏，损失负荷约 19MW。

【原因分析】

（1）施工人员程×× 未经运行人员同意，违章解除开关柜的机械闭锁装置，擅自合上 7212 号隔离开关。这是该事故发生的直接原因。

（2）施工单位的工作人员责任心不强，安全意识淡薄，工作负责人施×× 没有履行监护职责，在工作人员程×× 取下"禁止合闸，有人工作"标示牌、违章解除闭锁和提出合上 7212 号隔离开关时没有制止，完全失去监护作用。这是事故发生的主要原因。

（3）施工单位管理不完善，安全教育不足。这是造成此次事故的间接原因。

（4）该 220kV 变电站 4 号主变压器于 2002 年扩建，2002 年 5 月 22 日，2 号主变压器 10kV 侧由单母线改为双分支运行，沿用原有的一套 2 号主变压器 10kV 侧复合电压过电流保护，设计时将该过电流保护电压回路采用 52 甲 TV，52 乙 TV 二次侧并联后的电压。当 2 甲 M 母线短路时，受电抗器影响，保护装置测量到 10kV 母线二次相间电压，未低于低电压动作整定值，故该保护不能动作出口。当 502 号乙断路器手动断开后，满足 2 号主变压器 10kV 复合电压过电流保护的低电压动作条件，保护动作出口跳 502 号甲断路器，延长了切除短路故障电流的时间，造成设备损坏程度扩大。

【暴露问题】

（1）施工人员的安全意识淡薄，安全技术素质低，业务素质不高，责任心不强，习惯性违章工作，在工作中取下标示牌、解除隔离开关间的机械闭锁装置，对隔离开关进行操作等变更安全措施的行为没有意识到事先要取得工作许可人的同意，严重违反工作票相关管理规定。

（2）施工单位工作负责人对工作班成员安全技术交底及危险点分析和预控流于形式，没有真正落实到所有工作班成员。

（3）施工单位人员对有关制度的执行意识淡薄，存在着有章不循的违章行为，监护人在工作中没有认真履行监护职责，使工作失去监护。

（4）运行单位人员对施工的安全技术交底工作不尽完善，工作许可人和工作负责人在完成交底后没有再次在安全技术交底单上履行签名手续，造成交底记录不全。

（5）××电力设计院工程设计错误，建设单位图纸审查不严。该电力设计院在对 2 号主变压器 10kV 侧母线改造时，将母线改为 2 甲 M、2 乙 M 两段母线，共用 10kV 复合电压过电流保护，未相应增加一套保护。该过电流保护电压回路采用在 52 甲 TV、52 乙 TV 二次侧并联后的电压，以致 2 甲 M、2 乙 M（经电抗连接）同时运行、任意一段母线故障时，保护不能出口跳闸，给设备的安全运行留下隐患。

【防范措施】

（1）各单位要重视对外来施工单位的人员考核，并督促外来施工单位加强对其员工的安全教育和培训，提高安全意识，认真吸取事故教训。

（2）各单位要加强对外包工程的现场安全检查、监督工作，及时纠正违章行为，并通过不断完善有关对外来施工单位管理制度促使外来施工单位提高自身的安全生产管理工作，从而降低外来施工单位带来的安全风险。

（3）按照"四个凡是"的要求，认真履行安全技术交底记录的签名手续，完善安全生产的各种记录，做到"凡事有据可查"。

（4）临时退出 220kV 该站 2 号主变压器 10kV 侧复合电压过电流保护的复合电压闭锁，尽快将 2 号主变压器 10kV 复合电压过电流保护改成两套独立的保护。

（5）各单位应全面对变电站主变压器 10kV 侧复合电压过电流保护二次电压回路进行检查，发现类似该站的情况，应立即进行整改。

（6）设计部门在进行扩建改造工程涉及改变一次接线的设计时，应认真考虑好二次设备的配置。审查工程设计图纸过程中，要严格把好审查关，及时发现工程设计失误，将事故消灭在萌芽状态。

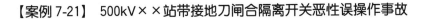

【案例 7-21】 500kV××站带接地刀闸合隔离开关恶性误操作事故

【事故经过】

2009 年 2 月 11 日，××供电公司 500kV××变电站在进行 500kV 4 号主变压器由检修转运行操作时，由于 5021-17 接地刀闸 A 相分闸未到位，操作人员未按规定逐相核查刀闸位置，发生 500kV-1 母线 A 相对地放电，导致母差保护动作掉闸。

××站共分 500kV、220kV、35kV 3 个电压等级。其中 500kV 为 3/2 接线，站内共有 500kV 主变压器三组。当日 3、5 号主变压器正常运行，4 号主变压器停电检修。事故发生时，正在进行 4 号主变压器送电复原操作。事故发生前 500kV 运行方式如下：

500kV-1 母线连接 5011、5031、5041 开关。

500kV-2 母线连接 5013、5033、5043 开关。

5032、5042、5012 合入状态。

5013、5012 连接北吴线；5011、5012 连接 5 号主变压器。

5031、5032 连接 3 号主变压器；5041、5042 连接吴霸一线。

5032、5033 连接吴霸二线；5043、5042 连接滨吴线。

500kV 4 号主变压器检修状态，5022、5023、5021-1、5022-2、5023-1、5023-2、5023-6 断开；5021-17、5022-27、5023-17、5023-27、5023-67、5023-617 合上。

2 月 10—11 日，××变电站按计划进行 4 号主变压器综合检修，11 日 16 时 51 分，综合检修工作结束。17 时 11 分，对 4 号主变压器进行复电操作，进行模拟操作后正式操作，操作票共 103 项。17 时 56 分，在操作到第 72 项"合上 5021-1"时，5021-1 接地刀闸 A 相生弧光短路，500kV-1 母线母差保护动作，切除 500kV-1 母线所联的 5011、5031、5041 开关。现场检查一次设备：5021-17 A 相接地刀闸分闸不到位，5021-17 A 相接地刀闸动触头距静触头距离约 1m。5021-1 接地刀闸 A 相均压环有放电痕迹，不影响设备运行，其他设备无异常。20 时 37 分进行复电操作，23 时 08 分操作完毕。

【原因分析】

（1）事故直接原因是操作 5021-17 接地刀闸时 A 相分闸未到位，造成

5021-1 接地刀闸带接地刀合主刀，引发 500kV-1 母线 A 相接地故障。

（2）5021-1、5021-17 接地刀闸为沈阳高压开关厂 2004 年产品，型号 GW6-550IIDW。该产品因操作机构卡涩，5021-17 的 A 相分闸未完全到位。

（3）5021-1、5021-17 接地刀闸为一体式刀闸。5021-1 与 5021-17 接地刀闸之间具有机械联锁功能，连锁为"双半圆板"方式。经现场检查发现 5021-1 A 相主刀的半圆板与立操作轴之间受力开焊，造成机械闭锁失效。

（4）××变电站故障录波器不具备 GPS 时钟卫星自动对时功能，故障录波器报告时间不准确。

【暴露问题】

事故暴露出现场操作人员责任心不强，未严格执行"倒闸操作六项把关规定"，未对接地刀闸位置进行逐相检查，未能及时发现 5021-17 接地刀闸 A 相未完全分开的情况。

【防范措施】

（1）加强现场安全监督管理，严格执行"两票三制"，认真规范作业流程、作业方法和作业行为。

（2）认真落实《防止电气误操作安全管理规定》，有效防止恶性误操作及各类人员责任事故的发生。

（3）要深刻吸取事故教训，认真排查设备隐患，尤其对同类型设备要立即进行全面检查，举一反三，坚决消除装置违章，防止同类事故重复发生。

第五节　其他误操作事故案例分析

【案例 7-22】 "4·17" 220kV A 变电站 220kV 母差充电保护误投连接片事故

【事故经过】

2007 年 4 月 17 日，220kV A 变电站 1 号主变压器 211、都麻Ⅰ回 201、麻车线 205 运行在 220kVⅠ组母线，都麻Ⅱ回 202 运行在Ⅱ组母线，分段 210 运行，220kV 都麻Ⅰ、Ⅱ回线路各带负荷 42MW，共 84MW。

4 月 17 日 12 时 4 分，南部监控中心 220kV A 变电站 220kV 麻车 205、母联 210 断路器事故跳闸报警，C 相故障；LFP-901B、LFP-902B 保护分别发麻车 205 断路器保护零序Ⅲ段、距离Ⅱ段动作；母差 WMH-800 充电保护动作；LP-923C 失灵启动母差信号。运行人员现场检查发现，麻车 205 断路器跳闸，重合闸未动。WMH-800 充电保护动作红灯亮，麻车 205 断路器、母联 210 断路器在分闸位置。检查断路器单元无其他异常后，立即汇报中调值班员。2007 年 4 月 17 日 21 时 5 分，母联 210 恢复运行，21 时 35 分，麻车 205 恢复运行。整个过程未造成负荷损失。

【原因分析】

（1）事故起因。2007 年 4 月 12 时 4 分，雷电活动天气，220kV 麻车线因线路 C 相故障，导致麻车 205 零序Ⅲ段、距离Ⅱ动作出口跳闸（经保护动作距离分析故障线段在广西电网维护范围），重合闸未动作。同时，220kV 母差保护充电保护出口跳 220kV 母联 210 断路器。220kV 麻车线 C 相单相故障，205 断路器 LFP-901 保护零序Ⅲ段、距离Ⅱ段出口，LFP-902 保护零序Ⅲ段、距离Ⅱ段保护动作出口跳闸，在此情况保护整定应闭锁重合闸，动作行为正确。

（2）220kV 母联 210 断路器误跳闸原因。经现场调取 220kV 母差保护监控系统报文，确认 210 断路器误跳闸是 220kV 母差（WMH-800 型）充电保护误投所致。该母差保护的"充电保护""充电保护速动"连接片是在 2007 年 2 月 6 日 19 时 16 分，220kV A 变电站 220kV 都麻线 201 断路器由冷备用转投入系统运行，投运正常后，操作人员在恢复母线保护时误投。

（3）220kV A 变电站 220kV 都麻线 201 断路器由冷备用转投入系统运行投运正常后，变电操作人员严重违反两票操作规定，在填写投入 WMH-800 母差保护连接片项目时，操作人员操作时凭印象投连接片，未认真核对连接片的实际位置，错误地将"充电保护""充电保护速动"连接片投上。这是导致此次事故发生的主要原因。

（4）WMH-800 母线保护的充电保护不受断路器位置闭锁，为简单过电流保护逻辑，当"充电保护""充电保护速动"连接片投入时，在母联 210 断路器没有变位且由无电流变为有电流时，发生误动。

【暴露问题】

（1）暴露出变电站值班员违反"两票三制"相关管理规定的问题，思想麻痹，不负责任，工作责任心差，在长达 70 天的维护检查中，没有及时发现误投的两块连接片。

（2）暴露出供电运行部在变电运行管理上缺乏相应检查督促的问题，没有把好变电运行操作及运行维护管理关。

【防范措施】

（1）应全面梳理二次设备在功能投退、压板操作等方面的特殊要求，尤其对于特殊运行方式、复杂倒闸操作等情况，结合设备具体功能特点，进行重点核查，针对特殊点形成特殊点台账，并定期补充完善。

（2）加强专业培训工作，各单位定期组织开展针对运维单位专业人员的专项培训，提高人员技术水平和业务能力，确保设备可靠运行。

【案例 7-23】 220kV××变电站因巡视人员误按 4 号主变压器高压侧 2204 断路器"非全相保护"启动继电器导致 2204 断路器三相跳闸事故

【事故经过】

2004 年 11 月 15 日 10 时 38 分，220kV××变电站 4 号主变压器高压侧 2204 断路器非全相保护动作三相跳闸。随即，正在 220kV 该站进行设备巡视工作的值班人员黄××、薛××回到主控制室向当值值班长王××报告，跳闸当时，刚好巡视至 220kV 场地 4 号主变压器高压侧 2204 断路器处，发现 2204 断路器 B 相的压力有偏低的现象，正由薛××用手动启动电动机打压。根据上述情况，并经检查 4 号主变压器高压侧 2204 断路器本体及机构外观无明显异常情况，4 号主变压器保护屏装置无任何保护掉牌，4 号主变压器尚在运行状态后，试送 2204 断路器不成功。11 时 5 分，检查 4 号主变压器保护装置无异常后，11 时 12 分，试送 4 号主变压器高压侧 2204 断路器正常。经调查及分析，事故原因是变电站巡视人员将 2204 断路器的"非全相保护"的启动继电器当成启动电动机的接触器，误按造成 2204 断路器"非全相保护"动作跳开 2204 三相断路器。

【原因分析】

（1）值班人员薛××、黄××对设备熟悉程度不够，安全意识不强，工作不够细心，未能认真核对设备，误将 2204 断路器的"非全相保护"的启动继电器当成启动电动机的接触器，造成误操作。这是本次事故的主要原因。

（2）目前该站 220kV 断路器机构内非全相保护继电器有封闭式继电器和敞

开式继电器两种不同的形式。2204 断路器机构内是敞开式继电器，形状与接触器相同，没有明显的中文名称标签，也没有外壳保护，存在不安全因素，在工作中容易发生误碰事件。

（3）暴露出变电站运行管理存在严重漏洞。

【防范措施】

（1）加强防误操作管理，提高全体人员的安全生产素质教育及技能培训，做好"防误"各项工作。

（2）责成运检部等生产部门严格执行管理规范，加强运行管理，强化危险点控制与分析。

（3）必须高度重视工程的验收工作，严格执行有关技术规范，做到责任到人，验收到位，不留死角，同时做好签名记录存档。

【案例7-24】 110kV 万牛线由于误接线导致零序Ⅳ段两次过电流动作跳 1111 断路器的误操作事故

【事故经过】

2004 年 3 月 13 日 8 时 40 分，××检修公司借 110kV 万牛线停电检修的机会对万牛线电压、电流互感器、××变电站 110kV 母线 TV 进行预防性试验。9 时 10 分，中调陈××命令退出 110kV 万兴线距离保护连接片，将 110kV 母线 TV 转为检修作预试（万牛线断路器已于 6 时 47 分更换电杆转检修）。预试结束后，14 时 17 分，中调陈××命令投入 110kV 万兴线距离保护连接片，22 时 49 分中调陈××命令将 110kV 万牛线转运行。22 时 53 分，110kV 万牛线零序Ⅳ段过电流保护动作跳 1111 断路器，报中调陈××。23 时 3 分，中调陈××命令送 110kV 万牛线。14 日 0 时，110kV 万牛线零序Ⅳ段过电流保护再次动作跳 1111 断路器，报中调陈××，0 时 2 分陈××命令再次送万牛线。14 日 1 时 34 分，检修公司要求临检（检查 TA、TV 回路），中调陈 TV 命令 110kV 万牛线由运行转检修。14 日 2 时 27 分，110kV 万牛线由检修转运行。

【原因分析】

（1）检修人员在 TA 预防性试验结束后，TA 的 A 相保护绕组接反，TV 的 C 相熔断器接触不良引起保护误动作。

（2）检修公司对委托单位设备进行预防性试验的项目不全面仔细，工作结束后没有作极性试验，不检查控制回路。

【暴露问题】

（1）暴露出检修人员工作马虎粗心，责任心不强的问题。

（2）暴露出设备管理单位监督不到位的问题。

【防范措施】

（1）检修公司加强管理，提高工作人员的责任心及业务水平。

（2）对维护单位的设备进行预防性试验应全面仔细，开工前的工作内容及存在问题交设备管理单位审核，便于监督。

【案例7-25】 220kV A 变电站 1 号主变压器"5 · 29 保护定值错误导致保护误动事故

【事故经过】

事故前，220kV A 变电站向 10kV B 变电站、C 变电站、D 变电站供电。

2003 年 5 月 29 日 15 时 49 分，A 站 10kV 江洲线近距离遭雷击，速断动作跳闸，重合成功；同时 1 号主变压器差动保护动作跳主变压器三侧断路器。16 时 25 分，失压的 3 个 110V 变电站转供电完毕。A 站 1 号主变压器经中调批准随即转为检修状态。经厂家协助检查发现，按厂家提供的计算方法设置差动保护定值时，低压侧平衡系数出现偏差（投运时由于 10kV 负荷较轻不足以发现差流），造成主变压器差动保护区外故障时误动作。后经厂家确认，将其修正，于 5 月 31 日 16 时 15 分恢复主变压器供电。

【原因分析】

（1）新设备投运不足一年，刚投产时，由于 10kV 侧负荷轻不足以发现差动保护的差流，致使厂家提供计算定值的技术资料与保护装置软件实际设置不相符的问题一直没有发现。

（2）双电源的 110kV 变电站，当单电源供全站负荷时，没有线路或主变压器备用自投方式，运行方式不可靠。

【暴露问题】

暴露出保护定值管理不到位的情况，厂家提供计算定值的技术资料与保护

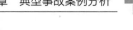

装置软件实际设置不相符的问题一直没有发现，调度专业继保部门未认真核对保护定值符合厂家要求。

【防范措施】

（1）新建或改造的设备，运行单位应与厂家技术人员加强沟通，认真审查设备厂家提供的技术资料。

（2）加强设备的验收和试验工作。

（3）尽快实现线路或主变压器备用自投方式，提高电网可靠运行。